机电设备管理

主　编　杜碧华　宋　超　李晓娜

副主编　刘建新　朱　霞　龙　玲

西南交通大学出版社
·成　都·

图书在版编目（ＣＩＰ）数据

机电设备管理 / 杜碧华，宋超，李晓娜主编. —成
都：西南交通大学出版社，2013.8（2024.1 重印）
普通高等院校机械类"十二五"规划系列教材
ISBN 978-7-5643-2296-0

Ⅰ. ①机… Ⅱ. ①杜… ②宋… ③李… Ⅲ. ①机电设
备–设备管理–高等学校–教材 Ⅳ. ①TM

中国版本图书馆 CIP 数据核字（2013）第 082324 号

机电设备管理

主编　杜碧华　宋　超　李晓娜

责 任 编 辑	李芳芳
特 邀 编 辑	李庞峰
封 面 设 计	何东琳设计工作室
出 版 发 行	西南交通大学出版社
	（四川省成都市二环路北一段 111 号
	西南交通大学创新大厦 21 楼）
发行部电话	028-87600564　028-87600533
邮 政 编 码	610031
网　　　　址	http://www.xnjdcbs.com
印　　　　刷	成都蜀通印务有限责任公司
成 品 尺 寸	185 mm × 260 mm
印　　　　张	12
字　　　　数	270 千字
版　　　　次	2013 年 8 月第 1 版
印　　　　次	2024 年 1 月第 6 次
书　　　　号	ISBN 978-7-5643-2296-0
定　　　　价	36.00 元

图书如有印装质量问题　本社负责退换

版权所有　盗版必究　举报电话：028-87600562

前 言

"工欲善其事，必先利其器。"设备对于一个企业来说是非常重要的生产力，是创造财富的重要工具。对于企业，如何运用最恰当的设备，最有效发挥设备应有的功能，完成设备自身承担的任务，是保证企业最大化创造财富的关键，而这一关键的实现离不开对设备的有效管理。

在企业内部，设备管理是一个全员工作，下到设备操作者，上到企业最高管理层，都承担着对设备的管理责任，承担着与本岗位相适应的设备管理内容。同时，设备管理又是一个系统性、专业性的工作，需要有专门的部门、专业的人员进行组织、协调与专业管理。因此，本书从面向提升企业从业人员设备管理的能力出发，兼顾专业性、普适性，以胜任设备管理岗位为重点，以岗位工作流程、岗位工作内容作为知识组织的依据，以情境化的教材编写方式为特色编写了这本教材。通过本书的学习，将会使我们的学生更清楚地了解，在企业中设备管理有哪些工作内容，这些工作内容是如何进行的；能让学生更好地掌握设备管理的知识、技能，从而保证学生从业后能顺利开展设备管理的相关工作。本书在编写中很好地把握了专业知识、技能的深度、广度与学生理解间的协调问题，使得该书能更好地适用于应用型本科、专科及高职类院校设备管理教学。

本书是在编写组成员数年教学实践的基础上，总结提炼并精心整理编写的。情境 1，情境 3 的任务 2、任务 3，情境 4 的任务 3，情境 5 的任务 4 由杜碧华编写；情境 2 的任务 2、任务 3 由刘建新编写；情境 2 的任务 1、情境 5 的任务 2 由龙玲编写；情境 3 的任务 1、情境 4 的任务 1、情境 5 的任务 3 由李晓娜编写；情境 4 的任务 2 由宋超编写；情境 5 的任务 1 由朱霞编写。

设备管理涉及面广，内容博大精深，限于篇幅及编者学识上的限制，本书难免存在不当之处，恳请广大师生批评指正。

本书在编写中得到了原四川省冶金设备管理协会常务秘书长、原中国冶金企业协会设备分会"技术咨询专家"杨玉春高级工程师和原成都无缝钢管厂长期从事设备管理工作的刘廷伟高级工程师的大力支持，在此表示衷心的感谢。

宋　超

2013 年 3 月

目　录

情境 1
机电设备管理认知

学习目标

（1）了解设备管理的概况、意义、发展过程、基本内容、组织形式。
（2）培养学生现代设备管理的综合管理认知，具备设备管理知识的基本认知能力。
（3）能根据纺织机电设备管理的目标方法，对企业的设备管理体系进行分析认识。

学习情境导论

机电设备的管理是现代企业管理的重要组成部分，是以研究如何合理、高效、经济地使用企业设备为研究对象，追求设备综合效率与寿命周期费用的经济性，通过一系列技术、经济、组织管理措施，从设备的日常使用维护、设备的维修管理、设备的折旧更新、新设备的选型、购置、设备的基础管理等几项设备管理的重要工作内容出发，讲述设备管理的重要知识。本情境主要描述设备管理的必要性、意义、目的、作用，并理解设备管理的组织形式、人才需求，明确学习目标和工作内容。

任务列表

任务1 机电设备管理认知

任务1　机电设备管理认知

 **任务描述**

　　某同学分配到某纺织企业进行设备管理方面的工作，他需要知道自己的工作内容，需要知道设备管理的对象、工作内容、责任目标及设备管理对企业的作用和意义。同时需要知道具体事务的处理程序，即管理体系的组织形式，知道由谁负责，向谁汇报，对企业的设备管理组织形式有清晰的认知。

 **相关知识**

1　设备管理的含义及管理内容

　　设备管理的研究对象是设备（成套设备和单台设备）。设备通常用来指生活和生产所需的各种器械用品。企业管理工作中所指的设备是：符合固定资产条件的，且能独立完成至少一道生产工序或提供某种效能的机器、设施以及维持这些机器、设施正常运转的附属装置。所以，只有具备直接或间接参与改变劳动对象的形态和属性，并在长期使用中保持其原有形态和属性的劳动资料才被看作设备。

　　设备属于固定资产范畴。在我国，一般以使用期限和单位价值作为划分固定资产的标准，根据1992年12月财政部颁布的《企业财务通则》中规定，属于生产经营性质的固定资产只需具备使用期限超过一年的条件而不受单位价值的限制；非生产经营设备则需同时具备使用期限超过两年，单位价值2 000元以上两项条件。不属于以上条件的设备列为低值易耗品而不属于固定资产。

　　设备管理又称设备工程管理，是以提高设备综合效率、追求寿命周期费用经济性，实现企业生产经营目标为目的，运用现代科学技术管理理论和管理方法，对设备寿命寿命周期（规划、设计、制造、购置、安装、调试、使用、维护、修理、改造、更新到报废）的全过程，从技术、经济、管理等方面进行综合研究和管理。

　　现代设备管理的基本内容包括两部分：

　　① 对设备实施综合的管理；

　　② 追求设备寿命周期费用的经济性。

　　其中，设备的运行管理、设备维修、设备更新、新设备规划购置对设备的合理管理有着特别重要的意义。

　　由于设备寿命周期费用中的设备维持费远高于设备设置费，因此，应运用寿命周期费用评价法使其总和达到最经济，其要点是：选择和开发设备系统以寿命周期费用为基础，而不是着眼于前期的设置费用。以经济的寿命周期费用最低的原则，使设备取得尽可能大的经济效益。设备管理的目标就是追求设备寿命周期内的费用最经济，综合效率最高。

　　现代设备管理的主要特点：① 设备综合管理和企业生产经营目标紧密相连，成为企业的主要支柱；② 实现设备的全过程管理；③ 以提高设备综合效率和追求寿命最经济为目标；④ 管理内容有技术、经济、管理三方面；⑤ 追求寿命周期内无事故、无公害、安全生产。

1.1　设备运行管理的意义与内容

　　设备运行管理的核心就是要使管理的各个环节实现"从人治走向法制，从经验走向规范"。"规范化"是各企业设备管理的重点，设备管理要实现"从人治走向法制，从经验走向规范"，首先要从运行抓起。

　　要搞好设备运行，首先要建立岗位四大标准，即：《岗位作业标准》、《岗位点检标准》、《岗位维修标准》、《岗位给油脂标准》。

　　制定上述四大标准要严肃，制定过程要不断充实、完善、改进。

　　《岗位作业标准》规定了岗位人员的职责与权限，人员素质要求，作业前检查作业程序、内容、方法等要求；本岗位的技术、操作、维护、安全管理要点，故障处理和事故报告，相关岗位关系，信息传递方式及检查考核等。在编制《岗位作业标准》时，要将工艺技术规程、安全技术规程、设备检修维护和岗位责任制中涉及操作者本人的规定编入标准中，特别是将程序文件中涉及的质量职责、质量记录编入标准；《岗位点检标准》规定了岗位人员的点检线路图、点检项目。《岗位维修标准》规定了岗位人员的维修、保养的项目范围；《岗位给油脂标准》规定了岗位人员对什么部件、部位、何时加注多少、什么品牌的润滑油脂及加注方式。

1.2　设备维修管理的意义与内容

　　设备的维修管理是生产组织过程中设备计划检修的基本形式，是以设备的实际状况为基础的一种检修管理制度，其目的是为了经济、安全、高效地进行检修。定修计划的科学与否直接反映了一个企业设备管理水平的高低。首先，项目计划的来源是三级点检的结果。点检人员根据设备点检的结果，分析其运行状态，参照设备状态管理模型，在充分考虑检修周期、时间、经济性等方面后制订出项目、备件和材料计划。其次，定修计划是企业资源和社会资源优化的结果。组织者应根据设备状况和单位生产经营情况，在充分考虑内外资源（人力、技术、能源、季节等）的前提下，制订出科学的检修时间、周期表和网络图。第三，定修制是一种系统管理，在现代化大型（联合）企业中，由于工艺链长，检修队伍多，技术要求高，对备件材料到位率要求高，并随着设备检修的专业化、社会化的不断完善，要求组织者要系统地优化定修模型，达到安全、优质、高效、经济的目的。

1.3 新设备更新购置管理的意义和内容

选型适当与否在实现管理目标中的比重约占 60%，可见选型的重要性。设备一旦投用，要解决"胎里带"的问题，既费人力又费物力。

设备选型的原则为：

（1）技术上先进、可靠。对大型企业来说，先进性和可靠性二者缺一不可。

（2）经济上合理。经济指两方面内容，一是采购的设备性价比是否最优，运行后运行成本（备件费用、检修费用、能耗费用）是否经济。

（3）生产上是否完全满足本企业的特点。

（4）是否完全满足当地的气候特征（如湿度、温度、腐蚀等）。

（5）是否绿色环保（如噪声、振动、辐射、污染等）。

任何一种设备在质量上是"绝对"过关的，但在质量上的过关只能认为是相对过关而已，而且相对程度不同。企业在设备选型后要根据自己的经验或从其他使用单位掌握的运行情况与制造商进行充分的设计联系，把已投用的设备暴露出的不足和缺陷在本次设计、制造中克服掉。

1.4 设备安装调试验收管理的内容与意义

安装调试对确保一次试车成功和今后设备的长期稳定运行起着至关重要的作用。

设备基础要严格按国家《动力机器基础设计规范》的要求和随机技术要求进行设计和施工，检查基础的尺寸位置偏差和基础下沉情况及表面质量是否满足要求，对关键位置的基础要取样分析试验。

安装、调整严格按照工艺、工序、技术标准实施是确保设备高质量运行的保证之一。

2 设备管理的发展概况及新动态

现代化大工业的出现，迫切需要设备管理模式满足企业的发展，从而出现了不同的管理阶段。

2.1　事后维修阶段

事后维修主要发生在 1950 年以前。18 世纪后期，机器大工业开始，这时设备维修较为简单，一般是操作工人兼做维修工。事后维修就是设备出了故障才进行维修，随着机器的复杂程度越来越高，操作工已无法兼顾维修工作，于是设备维修逐渐从生产中分离出来，形成独立的维修队伍，这样既便于管理，又便于提高工作效率。

2.2　预防维修阶段

从 20 世纪 50 年代，特别是第二次世界大战后，生产方式由单件生产发展到流程式的大批生产，生产设备不仅总量剧增，类型更多，而且结构更趋复杂，效率大大提高，设备故障对生产的影响显著增大，维修工作量和维修费用也大为增加，在此基础上产生了以预防为中心的管理思想，即预防维修模式，主要是欧美的"预防维修制"和苏联的"计划预修制"。

计划预修制是以设备的磨损规律为基础制定的。按照计划预修理论，影响设备修理工作量的主要因素是设备的开动台时，合理的开动台时是预防维修的依据。由一系列定期检查、小修、中修和大修等组成的"维修周期结构"及计算各种维修消耗定额的"修理复杂系数"构成了计划预修的两大基础。计划预修制的不足之处在于，片面强调定期维修而忽视了设备的实际状态，往往导致设备过度维修或者维修不足；只重视专业人员参与维修而忽视操作人员的参与，导致维修与维护、保养失调。

欧美的预防维修的基本内涵是对设备采取"预防为主"的方针，加强设备使用时的维护保养，在设备发生故障前进行预防维修，以减少故障停机产生的直接和间接损失。预防维修制以设备的日常检查和定期检查为基础并据此确定维修内容、方式和时间，由于没有严格规定的修理周期，因而具有较大的灵活性。但是实施过程中也出现了由于日常检查及例行检查过于频繁而导致的维修费用过大的问题。

将预防维修和事后维修结合起来的"生产维修制"，即对主要生产设备实施预防维修，对一般设备进行事后维修，既减少了故障停机损失，又降低了维修的费用，取得了维修经济性。与事后维修相比，预防维修有以下优点：① 按计划进行预防维修，减少了故障停机造成的损失，避免了设备恶性事故的发生。② 设备的维修计划是预先制订的，不会对生产计划造成冲击和干扰。

2.3　预知维修阶段

预知维修是基于状态的维修，即状态检测维修，对设备管理与维修的要求是：较高的设备有效度及可靠度，较高的安全性及产品质量，设备的环保性，较高的设备运营效益。其技术特征是设备的状态检测维修、可靠性与维修性设计、设备运行的风险研究与分析、大型计算机辅助管理、设备故障原因与影响分析、专家系统、全员自主维修等。

以上三个阶段的划分并不意味着设备管理与维修模式的孰优孰劣问题。维修模式的选择要根据企业的生产形式、设备在生产中的作用以及其他诸多因素做出决策。德国汉诺威大学工业设备研究所与国际机械生产技术协会于 2001 年发表的一项国际性调查报告表明，在接受调查的 34 家欧美企业中，50%的企业选择事后维修模式，32%的企业采用预防维修模式，选择预知维修模式的企业为 18%。可以看出，即便是欧美发达国家的企业，也是不同的维修模式并存，不存在某一种模式取代另一种的情况。

3　现代设备管理典型的管理模式

3.1　英国的设备综合工程学

设备综合工程学是为了提高设备管理的技术、经济和社会效益，适应市场经济的发展，吸取现代管理的科学理论（包括系统论、控制论、信息论、决策论等），综合了现代化科学技术的新成就（主要是故障物理学、可靠性工程、维修工程、设备诊断技术等）而逐步发展起来的一门综合性学科。

设备综合工程学是英国设备综合工程中心所长丹尼斯·帕克斯于 1979 年美国洛杉矶市召开的国际设备工程年会上提出的。这是边缘学科中的一门新的管理科学。英国已经从 1974 年开始在英国的斯劳工业大学及其他大学开设了与机械工程学、电子工程学相并列的综合工程学专门学科，并在英国工商部成立了综合工程学委员会。由政府投资研究普及综合工程学的工作。

最初对设备综合工程学的定义是："所谓设备综合工程学，就是关于设备、机械、装置的安装、运转、维修、保养、更新、拆除，在设计和运转过程中的情报交流以及有关事项和实际业务方面的技术。"到 1974 年，英国工商部对上述定义修定为："为了使设备寿命周期费用最经济而把适用于有形资产的有关工程技术、管理、财务以及其他实际业务加以综合的学问，就是设备综合工程学。具体地说，关于工厂、机械、装置、建筑物、构筑物的可靠性和保养性的方案、设计以及制造、安装、试验、维修、改造更新，尤其是有关设计、使用初费用的情报交流，都是其研究的范围。"修改后的定义，不仅包含多学科的工程技术和管理等多方面的系统处理，而且包含着无维修保养设计，并对设备、仪器、装置的整个寿命周期费用在经济上和技术上提出最佳方案，明确了设备综合工程学的目的、领域和机能等。

3.2　前苏联计划预防修理制度

前苏联是以"计划预防修理制度"为主导的设备管理体制。计划预防修理制度的理论核心是设备组成元件的磨损规律，根据元件的磨损情况决定设备维修的时间和频率。

1. 计划预防修理制度的定义和特点

所谓计划预防修理制度，是在设备运行一定时间后，按照既定的计划进行检查、维护和修理，防止设备意外事故的发生。计划预防修理制度规定，设备在经过规定的运行时间以后，要进行定期检查、调整和修理。在计划预防修理制度中，规定了各种不同设备的保养和修理周期，在此基础上，实施预防性的定期检查、保养和修理。

计划预防修理制度是依据设备的磨损规律制定的。设备磨损一般分三个阶段：第一阶段是磨合阶段，是设备使用初级阶段，设备零部件接触面磨损激烈，通过磨合阶段，零部件接触面很快消除表面加工的粗糙部分，形成较佳的表面粗糙度；第二阶段是渐进磨损阶段，在一定的工作条件下保持相对稳定的磨损速度；第三阶段是加剧磨损阶段，此时设备磨损到一定程度，磨损加剧，影响设备的正常运行。计划预防修理是按照以上设备磨损规律，选择设备维修的最佳点，也就是在设备由渐进磨损阶段转化为加剧磨损阶段之前进行设备维修。从磨损规律上分析，计划预防修理制度有其科学性和合理性，可以大大减少和避免设备因不正常的磨损、老化和腐蚀而造成的损坏，延长设备的使用寿命，减少意外故障停机造成的损失。

2. 计划预防修理制度的主要内容

计划预防修理制度包含两大方面内容：修理周期结构和修理复杂系数。所谓修理周期，是指两次大修理之间的间隔时间，而修理周期结构是指在一个修理周期中，按规定的顺序进行不同规模的计划维修或保养维护的次序，如定期检查、大修、中修和小修等。修理复杂系数是表示设备复杂程度的一个基本单位，它反映劳动量和物质消耗量，可用来确定维修工时定额和材料定额等。计划预防修理制度的主要工作：确定修理工作的类别（大修、中修、小修、预防性检查）；编制设备修理计划；确定各类设备的修理周期结构；确定各类设备的修理复杂系数。计划预修制度中的计算、测定和考核都是以设备修理系数为基础的，该系数主要用于制订各种修理定额如修理工作的劳动量定额、停歇时间定额、材料消耗定额和修理费用定额等；组织修理工作，包括组织机修车间、各车间保全保养组，准备必要的设备及配备一定的管理人员和劳动力。

3. 计划预防修理制度的类型

前苏联早期建立了三种不同的计划预防修理制度。

（1）检查后修理制度：以检查获得的状态资料或统计资料为基础的计划预防修理制度。即通过定期的设备检查，确定设备的状态，制订修理时间周期和修理类别，编制设备修理计划。

（2）标准修理制度：以经验为依据的计划预防修理制度，即通过经验来制订修理计划，然后按修理计划规定的时间周期对设备进行强制修理。在规定的期限强制更换零件，按编制的维修内容、维修项目和维修标准进行强制性修理。

（3）定期修理制度：以磨损规律为依据，以时间周期为基础的计划预防修理制度。根据不同设备的特点和工作条件，研究其磨损规律，对设备使用周期、维修工作量和内容提出具体要求，使设备保持在正常状态。

4. 计划预防修理制度的发展

随着计划预防修理制度的实施，为了不断提高和完善这一体制，在其基本理论的基础上，引进了欧美的先进管理理念，如系统工程论、价值工程、网络技术等，使传统的计划预防修理制度朝更科学的方向发展。

（1）不断完善维修方式和维修制度。如重视操作人员参加设备维修工作；根据设备的实际使用情况来决定修理间隔期；提高修理的机械化水平；采用现代化设备管理方法；使修理周期结构更加符合设备的实际运动规律等。

（2）重视设备的更新改造。如合理调整设备的结构，增加高效和自动化设备的数量和比重；对旧设备进行技术改造和更新。

（3）加强设备的技术维护，推行技术维护及修理规程化。技术维护指设备按规定用途使用、待用、存放和运输时，为保持设备的工作能力或良好状态而进行的一项或某项作业。所谓规程化技术维护与维修是指按技术文件中所规定的时间间隔和工作量进行技术维护与计划修理。推行规程化维修后，大大提高了维修作业的效率和质量，减少了设备因突发故障造成停机损失。

设备的技术维护还采用了状态检查、监测技术、故障理论、计算机等新技术，但计划预防修理制的核心是建立在修理周期结构和修理复杂系数基础上的这一点并未改变。

3.3　日本的全员生产维修

全员生产维修（Total Productive Maintenance，TPM）被认为是日本版的综合工程学，其基本概念、研究方法和所追求的目标与综合工程学大致相同，也是现代设备管理发展中的一个典型代表。

1. 全员生产维修的定义和特点

1971 年，日本维修工程师协会（JIPE）对全员生产维修（TPM）下的定义是：① 以达到设备综合效率最高为目标；② 确立以设备一生为对象的全系统的预防维修；③ 涉及设备的计划部门、使用部门、维修部门等所有部门；④ 从领导者到第一线职工全体参加；⑤ 通过小组自主活动推进预防维修。

从以上定义来看，全员生产维修具有以下特点：

（1）全效率 —— 追求设备的经济性。TPM 的目标是使设备处于良好的技术状态，能够最有效地开动，消除因突发故障引起的停机损失，或者因设备运行速度降低、精度下降而产生的废品，从而获得最高的设备输出，同时使设备支出的寿命周期费用最节省。也就是说，要把设备当作经济运营的单元实体进行管理，用较少的费用（输入）获得较大的效果（产出），达到费用与效果比值的优化。

（2）全系统——包括设备设计制造阶段的维修预防，设备投入使用后的预防维修、改善维修，也就是对设备的一生进行全过程管理。

（3）全员参加——设备管理不仅涉及设备管理和维修部门，也涉及计划、使用等所有部门。设备管理不仅与维修人员有关，从企业领导到一线职工全体都要参加，尤其是操作者的自主维修更为重要。

2. 全员生产维修的基本思路与综合效率

（1）全员生产维修的基本思路：通过改善人和设备的素质来改善企业的素质，从而最大限度地提高设备的综合效率，实现企业的最佳经济效益。

（2）提高设备效率的含义：从时间和质量两个方面来掌握设备的状态，增加能够创造价值的时间和提高产品的质量。

提高设备效率的主要途径有：

① 从时间方面看，增加设备的开动时间。

② 从质量方面看，增加单位时间内的产量以及通过减少废品来增加合格品的数量。

提高设备效率的最终目的，就是要充分发挥和保持设备的固有能力，也就是维持人和机器的最佳状态——极限状态。这里所说的极限状态是指达到最大限度的状态。追求设备的"零缺陷、零故障、零事故"和"使废次品为零"的目标，就是要及时发现和消除设备事故隐患，充分发挥设备效能，使设备资源实现最佳经济效益。

（3）影响设备效率的六大损失：① 故障损失，是指由于突发性故障或慢性故障所造成的损失，它既有时间损失（产量减少），也有产品数量的损失（发生废次品）。② 作业调整损失，是指由于工装、模具更换调整而带来的损失。③ 小故障停机损失，是指由于短时间的小毛病所造成的设备停机或"空转"状态带来的损失。④ 速度降低损失，是指设备的设计速度和实际运行速度之差所造成的损失。⑤ 工序能力不良的损失，是指由于加工过程中的缺陷发生废次品及其返修所造成的损失。⑥ 调试产生的损失，是指从开始生产到产品稳定生产这一段时间所发生的损失。为了提高设备效率，TPM 通过坚持开展操作者自主维修来彻底消除六大损失。

（4）综合效率的计算：日本的 TPM 综合效率规定为时间开动率、性能开动率与合格品率三者的乘积。即

$$设备综合效率 = 时间开动率×性能开动率×合格品率$$

TPM 考核综合效率不仅重视设备的实际开动时间，同时也重视产品的加工质量。这样处理更为切合企业生产经营的实际需要，要求也更加严格。在日本的 TPM 活动中，希望企业的设备开动率>95%，性能开动率>90%，合格率>90%，这时，设备综合效率才能达到85%。

3. 全员生产维修的主要做法

（1）自主维修。

日本学者中岛清一把"操作者的自主维修（小组活动）"看作是"TPM 最大的特点"。TPM 从上到下向全体人员灌输"自己的设备由自己管"的思想，使每个操作人员掌握能够自主维

修的技能，并且采取了开展 PM（Productive Maintenance）小组活动这种组织形式。

PM 小组活动的主要内容有：① 根据上级的 PM 方针，制定小组的工作目标；② 开展 5S 活动；③ 填写点检记录，根据所得数据分析设备的实际技术状况；④ 为提高设备生产效率，减少六大损失，分析故障原因，研究改进对策；⑤ 组织教育培训，提高成员技能；⑥ 检查小组目标完成情况，进行成果评价。

（2）5S 活动。

开展 5S 活动是日本 TPM 自主维修中的一项重要内容。"5S"是指整理、整顿、清洁、清扫和素养。由于这五个词的日文读音罗马拼音字母的第一个都是 S，所以称为"5S"活动。5S 的具体含义是：

① 整理——把紊乱的东西收拾好，不用的东西清除掉。② 整顿——把物品分类整齐存放，需用的时候能够马上拿到手。③ 清洁——经常保持机器设备和操作现场的清洁卫生，使粉尘、烟雾、废液等充分排出。④ 清扫——及时打扫，不让尘土、油污、杂物存留。⑤ 素养——有良好的举止作风，讲礼貌、守纪律；决定了的事情一定要遵守。前 4 个 S 要靠第 5 个 S 来保证和提高。如果企业上下人人都能执行"决定了的事一定要遵守"这一准则，设备的操作规程、安全规程、产品质量标准、交货期等都能认真履行，企业就必定能够实现优质、高产、低耗和安全。

（3）点检。

开展点检是 TPM 自主维修中的另一项重要内容。所谓点检，是指按照一定的标准，对设备的规定部位进行检测，使设备的异常状态和劣化能够在早期发现。设备点检一般分为日常点检和定期点检等。

日常点检检查周期多为每天、每周，一般都在一个月以内。主要由操作人员负责，以人体五官感觉为主，实施点检的主要依据是点检卡片。定期点检，检查周期一般在一周或一个月以上，主要由专业或维修人员负责，依靠人体五官和专门仪器检查，定期点检卡一般由设备技术人员编制。

由上述分析可知，日本 TPM 重视预防维修，并强调操作人员的积极参与。根据日本的经验，60%~80% 的故障可以通过点检早期发现。日本还把设备的预防维修与人体的预防医疗加以对比，认为设备管理相当于"设备健康"的管理。人体的预防医疗有日常预防、健康检查、早期治疗等环节，设备的预防维修也有日常维护、定期检查和预防修理等措施。人的健康首先应该由自己来关心，设备的"健康"也必须由使用设备的人员来关心。通过操作工人的清扫、加油、调整与日常检查以及专职维修人员（设备医生）的定期检查（健康检查）、预防修理（早期治疗），就可以延缓劣化、减少故障，提高设备效率，延长设备的使用寿命。

（4）局部改善。

设备故障的类型很多，既有规律性故障，也有无规律的突发故障。因此，单靠实行预防修理还不能完全消灭故障，故 TPM 十分重视对设备进行局部改善。所谓局部改善，是指对现有设备局部地改进设计和改造零部件，以改善设备的技术状态，更好地满足生产需要。

局部改善有两种类型：① 群众性的局部改善活动，它与操作工人的自主维修紧密结合，由操作工人组成的 PM 小组针对设备的一般缺陷列出课题、分析研究，提出合理化建议。然后，自己动手逐个解决，诸如漏油、点检不便、不安全、工具与零件存放不便等缺陷。工厂把合理化建议实现的建树作为评估各单位 TPM 开展效果的重要指标。② 对于设计制造上较大的后遗症或重点设备上的问题，由设备管理部门、维修部门、生产现场人员组成设计小组，针对问题花大力气改进设计、消除缺陷，达到要求的技术状况。

3.4　美国的后勤工程学

后勤工程学是美国 20 世纪 60 年代在经典军事后勤学的基础上，结合寿命周期费用、可靠性及维修性等现代理论而发展形成的。后勤工程学是为满足某种特定的需要而设计、开发、供应和维修各种装备、设施或系统的全部管理过程，是研究系统或装备的功能需要与有效度、可靠性、寿命周期费用之间最佳平衡的学科。

1. 后勤工程学

后勤工程学的主要内容包括：设备寿命周期、各项评价指标（可靠性、维修性、供应保障、有效度、经济效果等指标）、后勤保障分析（费用效果、修理等级、最优系统、设备组合设计、设备构型方案的选择、可靠性及维修性评价）、系统设计的后勤保障、试验与评价、生产与构筑、系统运行与保障、后勤保障管理等。后勤工程学的目标是追求设备寿命周期费用的最大经济效益。后勤工程学的主要内容如下：

（1）建立系统性能参数和优化的系统构型来描述某一项工作的要求，并通过功能分析、综合、优化、设计、试验和评价等方法来完善。综合考虑各项技术参数，保证所有的物质、功能和程序等方面协调一致，使整个系统处于优化状态。将可靠性、维修性、稳固耐久性、结构完整性、后勤保障、安全性等其他特性结合起来。

（2）系统在计划的寿命周期内，具有有效和经济的保障。所需要考虑的主要内容有维修规划、供应保障、试验和保障设备、运输和装卸、人员和培训、各类设施等。

（3）为企业提供规划、资金和手段上的支持，保证设备在寿命周期内能高效、经济地得到后勤保障。

（4）根据维修作业复杂程度、对人员技术水平一般划分为三级。使用部门的维修即现场维修，是初级的基本的维修；中间维修是利用固定的专职的部门和设施，以流动或半流动方式对装备进行维修，中间维修对维修人员的技术水平要求较高；基地维修是最高级的维修，由固定的专业修理厂进行设备的维修，配备先进的、复杂设备和备件，修理工作效率高。

2. 全面质量计划维修

TPQM 是全面质量计划维修（Total Planning Qualitative Maintenance）的简称，它强调质量过程、质量规定和维修职能的重要性，强调认真选择最佳维修方式，以达到高标准的质量、设备的安全性、可靠性、经济性和有效利用率。TPQM 的维修职能可以分为 10 项要素。

（1）组织。建立合理的组织机构和健全各项责任制度。

（2）状态管理。对设备的实际状态和功能的管理，对设备鉴定的技术文件的管理，对维修资源的整合等综合管理。

（3）保障。对保障维修的后勤项目进行有效的管理。

（4）质量考核标准。对维修全过程的各项要素都要制定质量考核标准，并严格执行。

（5）工作控制。对整个维修过程中的工作计划、工作进度和实施情况进行严格控制。

（6）维修管理信息系统。反映设备维修的各项记录管理。包括设备跟踪、维修效果与质量标准的比较等各项内容。

（7）维修任务。明确规定出需要执行的预防维修、预测维修、恢复性维修等任务的工作范围、次数和责任人。

（8）技术文件。对技术说明书、图纸、合同及有关维修的技术文件加以有效的管理。

（9）维修技术。正确地使用维修工具，认真地执行维修工艺，维修人员应能掌握先进的维修手段和技术并能正确地评价维修计划执行的情况。

（10）人力资源。对维修人员的技术培训，使其能完成维修工作中规定的各项要求。

4　机电设备的特点与管理的组织形式

4.1　中小企业机电设备管理现状和设备特点

1. 中小企业设备管理的现状

设备是机电企业最重要的物质技术基础，是企业固定资产的主要部分，也是现代企业不同于手工作坊的重要标志。在中小企业中，设备对保证生产过程正常进行的作用，更甚于大型企业。正因为各中小企业的设备数量有限，在安排生产时可供选择的设备很少，回旋余地小，一些设备成了企业的命根子，几台甚至一台设备的停顿，也会影响到交货期和企业信誉，影响到占领市场的份额和竞争成败。至于企业产品要升级换代，向小而精、小而专方向发展，高水平的设备更是必要的前提。因此，加强设备管理的重要意义，对中小企业来说，丝毫也不亚于装备力量占优势的大型企业。

中小企业设备管理的现状如何呢？

（1）中小型企业领导对设备的重视程度普遍比大企业高。他们对设备问题造成的生产停顿和质量问题感受非常深，对执行生产任务落后的设备十分担忧，但又束手无策。在不少中小企业中，设备管理还是一个极其薄弱的环节，全凭经验行事，无法科学管理。也正因为如此，他们乐意接受新的管理理念和管理模式。

（2）设备管理机构的设置。稍大一些的企业设置了设备管理机构，试图模仿大企业的做法，但又感到人手不够，分工过细有困难。许多小型企业甚至没有专职的管理人员。

（3）设备维修人员的配备。根据中小企业设备少的特点，要求维修人员一专多能，但这样的人员非常少。缺乏维修技术人员，缺乏经过专业训练的、有经验的管理人员和掌握高级技术的技师（或技工）。维修人员总数也不够。

（4）基础工作。企业领导但求能应付生产，采取救火式维修方法。缺乏正常的规程化的管理，谈不上扎实的基础业务管理工作和基础技术工作。

2. 中小企业机电设备特点

（1）每个企业的设备数量比较少。多不过几百台，少到几台，甚至更少。设备故障停机对企业生产的影响很大，甚至造成企业不能承受的巨大损失。

（2）设备的技术水平较差。除少数重点投资新建或引进项目外，一般中小企业设备质量较差，实际役龄长，甚至有相当数量设备是大企业淘汰下来的。以通用机床为例，过去，小型企业很难分配到出厂质量较优的名牌产品。许多中小企业还有不少为减轻体力劳动或某项专门工艺需要的简易设备，这些设备迫切需要改造和提高。

（3）设备配套不完整。许多中小企业只有维持产品生产主要工序的不配套的设备，有些工序（如铸、镀、重型加工和精密加工）要靠协作关系来解决。当然，小企业也没有必要搞成"小而全"的企业，这样就给中小企业的设备管理带来特殊问题。

4.2 设备管理的组织形式

以往国有制下，设备管理有严格的管理体系和组织。随着改革开放的深入，我国的企业存在各种体制下的企业运行模式，私营企业、合资企业、外资企业、国有企业体制共存。设备管理的组织形式多种多样，对此，国家在《全面所有制企业转化经营机制条例》中规定：企业享有自主设置设备管理机构的权利。设备管理机构的设置应本着合理、有效、精干的原则，根据需要对企业管理机构进行调整和改革。

1. 设备管理机构一般遵循的原则

（1）统一领导与分级管理相结合。

我国企业内部设备管理工作是在企业总经理（厂长）的领导下，由主管设备的副总经理（副厂长）全权负责，一般设置厂级设备管理部门和企业内部各级设备管理机构。为保证企业设备管理系统正常工作，必须将统一领导与分级管理相结合，统一领导、协同分工、相互配合。设备副总经理（副厂长）应集中精力研究和解决企业发展的重大问题，设计企业设备管理的发展规划，致力于企业装备水平的提高，了解国内外同行业设备技术现代化和设备管理现代化的信息。企业内部各级设备管理机构则在规定的职权范围内处理有关的设备管理工作，并承担相应的经济责任。

（2）企业经营目标与设备管理分目标相结合。

设备管理机构的设置应有利于企业生产经营目标的实现，设备管理的分目标应紧紧围绕企业生产经营总目标，分目标要求简明、有效、易操作和费用低。

（3）合理分工与相互协作相结合。

　　设备管理和各项专业管理之间具有内在的联系，设备管理机构应从各项管理职能的业务出发，进行合理分工，明确责任范围。在实现企业生产经营目标和设备管理分目标的工作中，应加强与各职能部门的协调和相互配合。

　　（4）责任和权利相统一。

　　各级设备管理机构都应健全各项管理制度，在明确相应的责任和权力时，也要与经济利益相统一。责任落实到每个人，权力下放到每个人，不能有责无权或有权无责，并制定合理、必要的奖惩制度。

2. 纺织机电设备管理机构的组织形式

　　纺织设备管理机构的组织形式一般分为厂级设备管理形式和基层设备管理形式两种。

　　（1）厂级设备管理形式。

　　① 厂级领导的分工管理。

　　厂级领导的分工管理是企业最高层次领导成员之间的分工协作，我国纺织企业内部设备管理大多采用这种管理模式，一般有以下几种情况：

- 设备副总经理（副厂长）负责企业设备系统，直接领导设备处（科、室）的工作。
- 生产副总经理（副厂长）负责企业设备系统，直接领导设备处（科、室）的工作。
- 副总工程师（副机械师）负责企业设备系统，直接领导设备处（科、室）的工作。

　　② 设备综合管理机构。

　　在总经理（厂长）的领导下，由企业各业务部门领导组成的设备综合管理机构。该机构是企业推行设备综合管理过程中逐步建立起来的，主要任务是处理设备管理工作中重大事项的横向协调。

　　（2）基层设备管理形式。

　　随着我国国民经济的发展和改革开放的深入，企业内部实行了很多新的运营模式。如企业内部的承包制，企业基层组织（车间、班组、机台）成为企业内部相对独立的核算基本单元，随之出现了多种设备管理形式，其特点就是把与设备运行直接有关的人员组成一个整体，共同参与设备管理工作。我国纺织企业在推行设备综合管理的过程中，发扬了我国工人群众参与管理的优良传统，打破了传统的操作工与维修工、机械检修工与电气检修工的分工界限，实现全员参加企业管理。

5　设备管理人才的要求

　　一些设备能否发挥应有的作用，决定于设备管理、设备检修人员的素质。这就要求有一大批懂得现代管理知识、技术水平高的综合管理人才。这些人才是熟悉现代管理理论，掌握现代管理方法、手段和技能的专业人才。由于历史原因，我国设备管理的专业人才相当缺乏。解决这个问题，唯一的出路在于加强培养和培训工作。对在职的设备管理干部要有计划、有步骤地开展多层次、多渠道的岗位业务和知识更新的培训。培养专、多、能的综合管理人才。

同时，在高等和中等院校中要有计划地设置相应的设备管理专业，高等职业技术学院校内设置的管理工程专业应包括现代设备管理的内容。这样，使我们的经理、厂长、工程技术和管理人员都能学有专长，适应现代设备管理的要求。

5.1　基本素质要求

设备管理部门是一个综合管理部门，对于从事现代设备管理人才的素质基本要求如下：

（1）良好的职业素质和职业道德，具有开拓精神和踏实作风。

（2）懂得设备工程技术和现代化管理的知识，一般具有技术、经济和管理三者结合的综合型知识结构。

（3）具有现代化管理（包括组织、指挥、协调、交际和应变）的基本技能；并具有自学、消化和集成新的科学技术知识的能力。

（4）具有健壮的体魄，年富力强。

在这四条基本素质中，除第一、第四两条必须普遍具备之外，其余两条对于在设备部门工作的人员，应按其职责和工作规范要求分别对待。如文化知识水平，从事综合性职能工作的应达到高职院校及以上文化水平，从事一般性职能工作的应达到中职及以上文化水平。

5.2　应具备的能力

设备管理人员在具有设备工程方面的管理、技术、经济的基本理论基础上，掌握设备管理必需的基础知识，具备组织协调、实际动手、创新改革、综合分析的能力。

1. 总机械动力师（设备副总经理）

① 具有组织、协调全厂设备、动力业务有关机构人员和物资方面的能力。

② 能制定全厂设备、动力战略规划和方针、目标的能力；并领导有关设备、动力工程项目实施的能力。

③ 有调查研究、综合分析工厂机械、动力设备修理、改造、更新的方案，并提出决策。

④ 善于发现工厂设备动力管理与维修、动力供应和能源以及安全环保方面的问题，能及时解决；并能创新改革，提出改进意见，指导设备动力部运用现代设备管理的方法。

2. 设备动力处长（生产副总经理、副厂长）

① 具有组织协调设备部门所属人员和物资方面的能力。

② 能制定设备管理的组织机构，所属人员岗位职责，工作方针、目标、措施计划，总结报告，技术组织措施计划，工作质量保证体系，参与设备规划论证决策，以及领导设备动力安装、维修、改造工程项目的实施。

③ 有调查研究、综合分析工厂设备动力管理、运行、使用、维修、改造、更新工作中的问题，并能提出管理和技术上的对策。

④ 善于发现设备动力工作中的问题，能深入基层解决问题，并不断创新改进工作和具体实施现代设备管理方法。

3. 设备副总工程师（副机械师）

① 组织、协调计划平衡、劳动分配、物资准备和作业进度的能力；并能及时协调计划实施中出现的技术和管理问题。

② 会制订本岗位设备维修计划的工作程序、预防维修计划、修理网络计划；填写凭证、登记卡、维修统计报表；会分析处理各种数据及储存和反馈信息；能编制计算机计划管理程序、模型和操作计算机，并对实施设备维修计划进行技术指导和组织设备修理完工验收工作。

③ 能调查研究、综合分析设备现有状况、设备能力、重点设备、维修费用和各项技术经济考核指标；计算经济效果；建立有效的维修管理系统；选择维修方式等；并能提出对策。

④ 善于发现设备预防维修管理中存在的问题，不断创新，提出计划编制和管理方法上的改革意见，能运用现代管理方法。

4. 设备管理技术员

① 具有组织、协调设备管理方法（资产管理、状态管理）和本岗位业务有关人员及设备分配、变动、报废的能力。

② 会制定本岗位设备管理的工作程序、统计报表；填写资产凭证、登记台配、设备分类、设备检查基准，以及编制资产管理计算机程序和操作计算机；会使用一般诊断和检测工具、仪器；处理分析各种数据，判断设备故障和设备劣化状态；组织和参与设备安装调试验收的工作。

③ 能调查研究、综合分析设备在使用维护和安装调试中存在的问题，总结事故发生的根源，掌握设备状态的动态情况等，并能提出对策。

④ 善于发现设备资产管理和状态管理中的问题，不断创新改革，采用新的状态监测和诊断技术，运用现代化管理方法。

5. 备件管理技术员（师）

① 具有组织、协调备件管理（计划、采购、库存管理）、业务有关人员和物资方面的能力。

② 会制订本岗位备件管理工作程序、计划和统计报表；填写备件卡；确定备件最佳库存；预测备件的需要和费用预算；编制备件管理计算机程序、最佳库存数学模型和操作计算机，以及管理现代化库房。

③ 能掌握调查研究、综合分析备件供需存在的问题，及时解决生产中关键备件的供应，了解生产动态，并能提出对策。

④ 善于发现备件管理中的计划、资金、定额、库存管理、生产服务等工作的差距，不断创新改革，运用现代化管理的方法。

6. 动力（或电气）设备管理员（师）

① 具有组织、协调电气动力设备管理、与本岗位业务有关的人员及物资方面的能力。

② 会制定本岗位电气、动力设备的工作程序；编制预防维修计划与各种定额、基准；填写凭证和运行记录、统计报表；分析各项数据和处理信息与反馈信息等。具有预防性试验和能源测试的操作技能；能分析事故和判别设备劣化状态；编制动力设备管理与能源管理的计算机程序和操作计算机。

③ 善于调查研究、综合分析电气动力设备管理、动力供应、能源节约和安全方面存在的问题，并能提出对策。

④ 善于发现电气动力管理方面不适应生产发展的薄弱环节，提出电气动力设备和网络的改革方案，采用新技术、新装置和提高管理水平，能运用现代化管理方法。

7. 车间设备管理工段长（班组长）

① 具有组织、协调所属车间设备动力管理、维修业务有关的人员与物资方面的能力。

② 会制定车间动力设备管理与维修的工作程序；登记车间资产（台账、卡片）；填写原始凭证，绘制图纸和编写技术文件，实施维修作业和维修资源准备，判断故障及故障诊断分析；分析处理数据和信息反馈，以及能指导现场维修和诊断技术。

③ 善于调查研究、综合分析车间机械动力设备状态、故障动态，分析发生故障的原因，并提出防止故障的对策。

④ 善于发现车间机械动力设备存在的问题，能及时在现场解决，不断采用先进修理工艺和诊断技术，以及运用现代化管理方法改进车间设备动力管理工作。

 任务实施

根据老师发的某企业管理的实例自主学习资料，在小组相互协作讨论、教师指导下完成以下任务：

（1）根据自主学习资料内容，填写企业设备基本情况表。

（2）理清该企业的管理组织形式，并明确各管理职能部门的职责。

（3）讨论通过该情境的学习，自己对设备管理工作的工作内容与工作技术要求的理解，总结自己对这门课程的认识，并制订该课程的学习计划。

课后作业

（1）设备的定义是什么？

（2）设备管理的概念是什么？

（3）机电设备管理的主要任务是什么？

（4）设备管理机构设置的原则是什么？

（5）设备管理人才的要求是什么？

（6）各国典型设备管理的特点是什么？

情境 2
设备运行管理

学习目标

（1）培养制定保证设备正常运行的管理和保障机制的知识的能力；
（2）学习保障设备正常运行的各种技术诊断的知识；
（3）制定与实施设备日常维护与临时小修，会编制和填写各种设备运行记录表。

学习情境导论

使学生学习设备日常运行管理的内容，如何采取有效措施保证设备正常运行，即在制度上、技术上和具体实施上如何保证设备的正常运行。

任务列表

任务1　设备运行规程的制定
任务2　设备运行的诊断
任务3　设备的日常维护与临时小修

任务1　设备运行规程的制定

任务描述

工业企业所用的设备种类繁多、数量庞大、价值昂贵。要使设备充分发挥作用，提高经济效益，长期保持良好的性能和精度，延长寿命、减少故障和修理工作量，就必须对设备合理配置、正确使用、精心维护。

设备使用、维护规程是根据设备使用、维护说明书和生产工艺要求制定的，用来指导正确操作使用和设备维护的法规。各大公司所属厂矿都必须建立、健全设备使用规程和维护规程。

相关知识

设备在负荷下运转并发挥其规定功能的过程，即为运行过程。设备在运行过程中，由于受到各种力的作用和环境条件、使用方法、工作规范、工作持续时间长短等的影响，其技术状态将发生变化而逐渐降低工作能力。要控制这一时期的技术状态变化，延缓设备工作能力下降的进程，除应创造适合设备工作的环境条件外，还要用正确合理的使用方法、允许的工作规范，控制持续工作时间，精心维护设备。

1　保障设备正常运行的前提

保障设备正常运行，合理使用设备应做好以下工作：充分发挥操作者的主观能动性；按企业产品的工艺特点和实际需要合理配备设备；配备合格的操作者；为设备提供充分发挥效能的客观环境；制定并执行纺织设备使用和维护的一系列规章制度。通过组织、管理、监督及一系列必要的措施，使设备经常处于良好的技术状态，获得最佳经济效益。

（1）充分发挥操作者的主观能动性。

设备是由操作者操作和使用的，充分发挥他们的主观能动性，积极参加设备管理，爱护设备，自觉按操作规程合理使用设备，是用好、管好设备的根本保证。

（2）设备合理配置。

根据产品和工艺特点来合理配置设备、辅助设备及动力设备，使各种设备相互协调。

（3）加强企业之间的合作，提高设备利用率。

对利用率不高的设备可采用租借或租赁的方法。使设备的生产率与生产任务相适应，设备能有较高的工作负荷，达到较高的设备利用率。

（4）设备的类型、规格、性能以及加工精度要与企业的生产特点和产品的工艺要求相适应，从而保证产品的质量和成本。

（5）设备应配备必要的安全装置。

随着机电设备自动化、高速化程度的提高，操作者容易疲劳，容易造成操作失误而发生事故。有污染的设备应配备治理"三废"的处理装置，减少环境污染。

（6）配备合格的操作者。

根据设备的技术要求和复杂程度配备能胜任的操作者，确保生产的正常进行和操作者的安全。设备操作者要求具备一定的文化技术水平，熟悉设备结构。因此，必须根据设备的技术要求，对设备操作者进行专业理论培训，帮助他们熟悉设备的构造和性能，明确岗位职责。设备操作者在独立使用设备前，必须经过对设备的结构性能、传动装置、技术规范、安全操作和维护规程等技术理论及操作技能的培训，并经考试合格取得操作证后，方能独立上岗操作和使用。

（7）明确设备操作者的岗位职责。

对单人使用的纺织设备，在明确操作人员后，必须明确其职责；两人及两人以上同时使用的设备，应明确组长负责设备的维护保养工作。

（8）为设备提供充分发挥效能的客观环境。

良好的工作环境有利于设备正常运转，可以延长使用期限，改善操作者的工作情绪。安装必要的防腐蚀、防潮、防尘、防震装置，配备保险仪器装置、良好的照明和通风设施等，提供一个能充分发挥效能的客观环境。

（9）制定设备使用和维护的规章制度。

制定设备使用的有关技术资料。一是根据设备的技术要求性能和结构特点制定使用程序；二是制定设备操作维护规程。制定纺织设备的安全操作规程、维护保养细则、润滑卡片、日常检查和定期检查卡片等。

2　保障设备运行的各项管理规程的制定

2.1　建立设备使用程序

（1）新工人在独立使用设备前，必须经过对设备的结构性能、安全操作、维护要求等方面的技术知识教育和实际操作与基本功的培训。

（2）应有计划地、经常地对操作工人进行技术培训，以提高其对设备使用维护的能力。企业中应分三级进行技术安全教育：企业教育由教育部门负责，设备动力和技术安全部门配合；车间教育由车间主任负责，车间机械员配合；工段（小组）教育由工段长（小组长）负责，班组设备员配合。

（3）经过相应技术训练的操作工人，要进行技术知识和使用维护知识的考试，合格者获得操作证后方可独立使用设备。

2.2　建立设备凭证操作制度

设备操作证是准许操作工人独立使用设备的证明文件，是生产设备的操作工人通过技术基础理论和实际操作技能培训，经考试合格后所取得的证书，是保证正确使用设备的基本要求。具体执行方法如下：

（1）学徒工和实习生等新工人在独立使用设备前，必须对其进行设备的结构性能、安全操作、维护要求等方面的技术知识教育和实际操作与基本功的培训。一般操作工人也应有计划地、经常地对其进行技术教育，以提高他们设备使用维护的能力。

（2）精密、大型、稀有和重点设备的操作工人由企业设备主管部门主考，其余设备的操作工人由使用单位分管设备领导主考。考试合格后，统一由企业设备主管部门签发设备操作证。

（3）操作证原则上只签发一种型号的设备，但对工龄长且技术熟练的工人，经教育培训后确有多种技能者，考试合格后可取得多种设备的操作证。

（4）操作证不准涂改、撕毁和转借。如有遗失，须报车间审查，经同意后转设备主管部门办理补发手续。

2.3　定人定机制度

为了保证机电设备的正常运转，提高工人的操作技术水平，须实行定人定机制度，确保设备的正常使用和日常维护工作。具体执行方法如下：

（1）使用设备都必须在谁使用谁养护的原则下，严格岗位责任，实行定人定机制。定人定机名单由设备使用单位提出，一般设备经车间机械员同意，报设备主管部门备案。精、大、稀、重点设备经设备主管部门审查，企业分管设备副厂长（总工程师）批准执行。定人定机名单审批后，应保持相对稳定，确需变动时，按照上述规定程序执行。

（2）多人操作的设备应实行机台长制，由使用单位指定机台长，负责和协调设备的使用和维护。自动生产线或一人操作多台设备的，应根据具体情况制定相适应的定人定机办法进行保管保养。

（3）公用设备不发操作证，但必须指定维护人员，落实保管维护责任，并随定人定机名单统一报送设备主管部门。

（4）凡已定人定机的一般主要使用设备，如因操作缺勤，需临时调动操作人员时，属同型号的设备，在征得班组设备员同意后，生产组长方可调动。对于跨班组、跨部门的同型号设备，需经部门机械员同意。凡临时调动操作工人去操作同类型不同型号的设备，甚至不同类型的设备都是绝不允许的。

（5）外厂来人借用设备，可凭单位证明，需工种相符，经设备主管部门审批后，由车间指定所在小组组长指导操作。工作完毕后，车间设备员需负责进行检查。

2.4 制定设备使用的基本功和操作纪律

机电设备在使用过程中，操作者要求根据机电设备的使用维护管理制度，正确合理地使用机电设备，做到"三好"、"四会"、"四项要求"和"五项纪律"等设备操作基本要求。

（1）对设备使用单位的"三好"要求。

① 管好设备。操作者应管好自己使用的机电设备，保持设备完好无损，未经领导同意，不准其他人操作；部门领导必须管好该部门的所有设备，严格执行机电设备的移装、封存、借用、调拨等管理制度。

② 用好设备。设备操作工人应严格贯彻操作维护规程和工艺规程，不带病运转，不超负荷使用设备，禁止不文明的操作。

③ 修好设备。安排生产时应考虑和预留维修时间，操作者要按计划的维修时间停机维修，若发现故障应配合维修工人及时排除设备故障。

（2）对设备操作者的"四会"要求。

① 会使用。操作者应先学习设备操作维护规程，熟悉设备性能、结构、传动原理，弄懂加工工艺和工装刀具，正确使用设备。

② 会维护。正确执行设备维护规定，按润滑规定加油，按时清洁，保持设备内外清洁、完好。

③ 会检查。了解设备结构、性能及易损零件部位，熟悉日常点检、完好检查的项目、标准和方法，会检查与加工工艺有关的项目，并能进行适当的调整。

④ 会排除故障。熟悉所用设备特点，懂得拆装注意事项及鉴别设备正常与异常现象，会做一般的调整和简单故障的排除。独立不能解决的问题要及时报告，并协同维修人员进行排除。

（3）设备操作者的"五项纪律"。

① 遵守安全操作维护规程，凭操作证使用设备。

② 保持设备整洁，按规定加油和合理润滑。

③ 严格遵守交接班制度。

④ 管好工具、附件。

⑤ 发现异常立即通知有关人员检查处理。

2.5　机电设备使用规程的制定

针对机电设备的不同特性和结构特点，制定机电设备使用的科学管理制度和方法，是合理使用的基本保证条件。机电设备使用规程内容一般包括以下几点：

（1）机电设备使用的工作范围和工艺要求。

（2）使用者应具备的素质和技能。

（3）使用者应遵守的各种制度和岗位职责，如定人定机凭证操作、交接班制度等。

（4）操作规程和维护规程等。

（5）使用者必须掌握的技术标准，如点检和定检卡。

（6）操作或检查必备的器具。

（7）安全注意事项。

（8）考核标准和内容等。

3　制定设备的操作与维护规程

机电设备操作规程是指导操作者正确使用和操作设备的技术性规范。它是根据设备的结构和运转特点，以及安全运行的要求，规定设备操作人员在其全部操作过程中必须遵守的事项、程序及动作等基本规则。认真按照操作规程操作，可以保证设备安全运行，减少故障，防止事故发生。

3.1　机电设备操作维护规程的编制原则

（1）力求内容精炼、重点突出，全面实用。一般应按操作顺序及班前、班中、班后的注意事项分条排列。属于"三好"、"四会"的项目不再列入。

（2）各类设备具有共性的项目，可统一编制通用规程。

（3）编制操作维护规程时，一般应按设备型号将设备的主要规范、特点、操作注意事项与维护要求分别列出，便于操作者掌握要点，贯彻执行。

（4）重点、高精度、关键设备的操作维护规程，要用醒目的标牌显示在设备旁，并注上重点标记，要求操作者特别注意。

3.2　设备使用与维护规程的基本内容

3.2.1　设备使用规程包括的内容

（1）设备技术性能和允许的极限参数，如最大负荷、压力、温度、电压、电流等。

（2）设备交接使用的规定，两班或三班连续运转的设备，岗位人员交接班时必须对设备运行状况进行交接，内容包括：设备运转的异常情况，原有缺陷变化，运行参数的变化，故障及处理情况等。

（3）操作设备的步骤，包括操作前的准备工作和操作顺序。

（4）紧急情况处理的规定。

（5）设备使用中的安全注意事项，非本岗位操作人员未经批准不得操作本机，任何人不得随意拆掉或放宽安全保护装置等。

（6）设备运行中故障的排除。

3.2.2　设备维护规程应包括的内容

（1）设备传动示意图和电气原理图。

（2）设备润滑"五定"图表和要求。

（3）定时清扫的规定。

（4）设备使用过程中的各项检查要求，包括路线、部位、内容、标准状况参数、周期（时间）、检查人等。

（5）运行中常见故障的排除方法。

（6）设备主要易损件的报废标准。

（7）安全注意事项。

3.3　设备规程制定与修改的要求

（1）厂（矿）首先要按照设备使用管理制度规定的原则，正确划分设备类型，并按照设备在生产中的地位、结构复杂程度以及使用、维护难度，将设备划分为：重要设备、主要设备、一般设备三个级别，以便于规程的编制和设备的分级管理。

（2）凡是安装在用的设备，必须做到台台都有完整的使用、维护规程。

（3）对新投产的设备，厂（矿）要负责在设备投产前30天制定出使用、维护规程，并下发执行。

（4）当生产准备采用新工艺、新技术时，在改变工艺前10天，生产厂（矿）要根据设备新的使用、维护要求对原有规程进行修改，以保证规程的有效性。

（5）岗位在执行规程中，发现规程内容不完善时要逐级及时反映，规程管理专业人员应立即到现场核实情况，对规程内容进行增补或修改。

（6）新编写或修改后的规程，都要按专业管理承包制的有关规定分别进行审批。

（7）对使用多年，内容修改较多的规程，第三年要通过群众与专业管理相结合的方式，由厂（矿）组织重新修订、印发，并同时通知原有规程作废。

（8）当设备发生严重缺陷，又不能立即停产修复时，必须制定可靠的措施和临时性使用、维护规程，由厂（矿）批准执行。缺陷消除后临时规程作废。

3.4　使用设备岗位责任制

为了加强设备操作工人的责任心，避免发生设备事故，必须建立设备使用者的岗位责任制，主要有以下几方面内容：

（1）设备操作工人必须遵守"定人定机"、"凭证操作"制度，严格按照"四项要求"、"五项纪律"和设备操作维护规程等规定，正确使用与精心维护设备。

（2）必须对设备进行日常点检，并认真做好记录。做好润滑工作，班前加油，班后及时清扫、擦拭、涂油。

（3）掌握"三好"、"四会"的基本功要求，搞好日常维护、周末清洗和定期维护工作。配合维修工人检查和修理自己所操作的设备。

（4）管好设备附件。当更换操作设备或工作调动时，必须将完整的设备和附件办理移交手续。

（5）认真执行交接班制度和填写交接班记录。

（6）参加所操作设备的修理和验收工作。

（7）设备发生事故时，应按操作维护规程规定采取措施，切断电源，保持现场，及时向班组长或车间机械员报告，等候处理。分析事故时应如实说明经过。对违反操作维护规程等主观原因所造成的事故，应负直接责任。

3.5　交接班制度

企业在用的每台机电设备，均应有"交接班记录簿"。交班人须把机电设备运行中发现的问题，详细记录在"交接班记录簿"上，并主动向接班人介绍设备运行情况，双方当面检查，交接完毕后，交班人在记录簿上签字。如不能当面交接班，交班人可做好日常维护工作，使机电设备处于安全状态，填好交班记录并交给有关负责人签字代接，接班人如发现设备有异常现象，记录不清、情况不明和机电设备未按规定维护时可拒绝接班。如因交接不清设备在接班后发生问题，其责任由接班人负责。

对于一班制的主要生产设备，虽不进行交接班手续，但也应在设备发生异常时填写运行记录和记载故障情况，特别是对重点设备必须记载运行情况，以掌握技术状态信息，为检修提供依据。

任务实施

（1）确定所要分析的机电设备。

（2）对该设备进行分析。查阅设备使用说明书，对设备进行观察；分析旋转部件结构、运动原理；分析滑动部件结构、运动原理；分析变速机构；分析轴承的分布、轴的转速，加油方法；分析滑动面的结构、加油方法；分析电机的作用、控制原理；分析各传感器的类型、控制原理；分析操作机构、手柄位置等。

（3）查阅资料，确定该设备的操作规程。

（4）设计该设备的维护使用制度。

课后作业

（1）设备操作者的"五项纪律"是什么？

（2）设备维护的"四项要求"是什么？

（3）设备维修方式及其特点是什么？

（4）润滑"五定"与"三过滤"是什么？

任务2 设备运行的诊断

任务描述

车间购进一批同型号的纺织机电设备，设备科长要求设备管理人员对该设备运行进行诊断，制定该设备的点检表。

相关知识

1 点 检

1.1 概 述

在设备运行中，对影响设备正常运行的一些关键部位（即"点"）进行管理制度化、操作技术规范化的检查维护工作称为设备点检。

设备的点检和检查是通过人的五感（目视、手触、问诊、听声、嗅诊）或使用检查仪器，检查设备发生的异常和随时间推移而出现的劣化，并预测设备残余寿命的活动。这些活动包括设备开动中的检查，如根据振动测定来判断设备的性能劣化；用脉冲振动仪测定设备轴承发生的冲击；用铁谱仪测定设备的磨损，以及测定设备各部位承受的应力等。

设备点检制度是一种先进的设备维护管理方法。点检和检查的目的在于早期发现故障征兆和性能隐患，使故障及时得到排除，以保证设备正常和安全地运转。点检和检查作业是重要的维修活动信息源，是做好修理准备、安排好修理计划的基础。

1.2　点检和检查的分类

设备点检和检查作业分为日常检查和计划检查两大类。

（1）设备日常检查是由操作工人和维修工人每日执行的例行维护作业。

（2）计划检查是指列入预修计划并按预定的检查间隔期实施的设备检查作业。按照其主要检查内容的不同，一般又可分为定期检查、精度检测与可靠性试验。

1.2.1　日常检查

日常检查是由操作工人和维修工人每天执行的例行维护工作中的一项主要工作，其目的是及时发现设备运行的不正常情况，并予以排除。

检查手段：利用人的感官、简单的工具或装在设备上的仪表和信号标志，如压力、温度、电压、电流的检测仪表和油标等。

检查时间：班内在设备运行中对设备运行状况进行随机检查；在交接班时，由交接双方按交接规定内容共同进行。

日常点检是日常检查的一种好方法。所谓点检是指为了维持设备规定的机能，按照标准要求（通常是利用点检表），对设备的某些指定部位，通过人的感觉器官（目视、手触、问诊、听声、嗅诊）和检测仪器，进行无异状的检查，使各部分的不正常能够及早被发现。

1. 点检的种类

按目的分类：倾向点检、状态点检。

按周期分类：日常点检（周期不超过 24 小时），定期点检。

按点检方法分类：重点点检（周期一般为 1～4 周），解体点检（按实际要求定周期），重合点检（按计划要求定周期），精密点检（根据有关规定周期一般在一个月以上）。

按分工分类：操作点检 —— 由岗位操作工进行，专业点检 —— 由设备点检工进行。

2. 点检组及其任务

地区维修部门的基层组织叫点检组，它既承担某一区域的设备点检作业，又负责该区域的全部设备管理业务。

点检组的任务：

① 制定、修改维修标准。

② 编制、修订点检计划。

③ 进行点检作业，与操作人员互通情报。

④ 编制维修计划，并做好检修工程的管理工作。

⑤ 制订维修费预算并管理维修费用。

⑥ 制订维修资财计划。

⑦ 进行事故分析处理，并提出修复和预防对策。

⑧ 提出设备改善计划和方案。

⑨ 做好维修记录和分析维修效果，提出改善管理建议。

3. 点检工作的主要构成因素

① 对每台设备的精度、每个系统的功能标准，都规定了精度检查点，并给了具体标准，构成了检查设备精度的依据。

② 对每台设备及每个系统，规定由岗位操作工人进行日常的检查点和点检基准。培训专业点检工，确定点检方法。

③ 提出需要进行技术诊断的项目，所需要的工具仪器要进行使用和诊断方法的培训。

④ 通过对定期点检数据的综合分析和汇总，做出曲线，以便进行分析管理。

由上述可见，精度、检查点、基准、点检计划、技术诊断和倾向管理方法等构成了点检工作的主要因素。

4. 点检工作的基本内容

（1）岗位操作工人的日常点检是基础点检。

由于现代化设备的高度自动化水平，大部分作业实现了集中控制和无人操作，因此岗位生产工作的实质是，会操作使用设备的设备保养人员，需经过专门培训，达到会操作、会点检、会排除故障、会停送电、会管理的要求。

① 点检内容：依靠视、听、嗅、味、触等感觉来进行检查，主要检查设备的振动、异音、温度、压力、安全装置状况，连接部位的松动、龟裂，导电线的损伤、腐蚀、异味、泄漏等。

② 修理内容：螺栓、指针、垫片、保险丝、销轴、油封等的更换，以及其他简单小零件的更换和维修。

③ 调整内容：弹簧、皮带、螺栓等的松弛调整，制动器、限位器、液压装置的失常和其他机器的简单调整。

④ 清扫内容：隧道、工作台、扶梯、机旁、地沟等的清扫，各种机器非解体拆卸的清扫。

⑤ 给油内容：对给油装置或给油部位的给油和油脂更换。

⑥ 排水内容：排除空气缸、煤气缸、管道过滤器各配管中的水分及各种机器中的水分。

⑦ 管理内容：对点检结果和查出的设备异常状态，进行整理，填写信息卡片，及时反馈给主管部门。

（2）设备维修工人负责的专业点检。

专业点检人员需具有较全面的知识，且要求具有一定的实践经验、理论水平和管理协调能力，会使用仪器、仪表，能判断和处理设备异常情况，能管理维修费用，能编制维修计划，能画管理图表。点检工靠经验和仪器进行的点检，是重点的、周期性的、详细的点检作业，还需要进行解体点检和循环维修点检（就是对更换送去修理的部件进行修复前、后的检查）。点检工有发现隐患、排除故障的责任。

① 编制和修改点检基准、给油基准。

② 制订点检作业表。

③ 根据点检记录，编制维修计划和协调维修实施工作。

④ 负责编制备件、材料需用计划。

⑤ 负责点检区域维修费用的预算。

⑥ 负责设备劣化倾向管理的掌握，根据检测数据对设备劣化程度进行定量测量和分析，并制订维修方案。

⑦ 参加设备事故分析和处理。

⑧ 设备改善方案的研讨，提出改进方案。

⑨ 设备点检、分析信息传递、设备运行状态月报。

⑩ 沟通日常点检业务，指导日常点检工作。

（3）专职技术人员的精密点检。

它是对日常点检和专业点检的完善和补充。

① 精度检查：运用检测仪器、仪表对设备的精度进行测量。

② 无损检测：运用检测仪器、仪表，对设备零部件进行检测。

③ 劣化分析检测：运用检测仪器、仪表，对设备零部件的劣化程度进行定量分析，以制订维修方案。

④ 针对事故分析所进行的检测：通过仪器、仪表，对设备零部件的损坏原因和预测故障进行定量分析。

⑤ 进行技术决策所需的检测：根据精密点检的数据分析报告，为设备维修、更新、改造提供技术决策的依据。

（4）点检工作的重要组成部分是倾向管理和诊断技术。

无论哪一种点检发现异常，必要时都可以通过技术诊断的方法探明原因，帮助决策者提出最佳方案或控制缺陷的发展，同时对重要部位或系统设定倾向管理项目，使用技术诊断的方法，不断地记录动态指标，做出曲线，做到一有异常立即发现，及时处理，如无异常变化，设备就不必轻易打开，进行多余的检修。

（5）点检效果的评定。

通过设备的综合性精度检查（即按精度检查表规定的精度点，每半年或一年进行一次精度检测），计算设备的精度良好率，分析设备的劣化程度以用来考评点检效果。

5. 点检方法

在执行点检制中，运用好日常点检、定期点检、重点点检、总点检、精密点检和解体点检六种不同形式的点检方法将会获得更好的效果。

① 生产工人的日常点检是 24 小时不断地进行巡回点检，这是最基础的，占点检工作的比例重，是以发现异常、不断维护保养设备为目的所进行的点检工作。

② 专业点检人员的计划定期点检是比较详细地按计划进行的专业性点检，是点检工作的核心部分，是对日常点检的强化；是技术性更强、难度更大的工作，不仅依靠经验，而且采用仪器仪表和分析管理、技术诊断相配合的方式进行的点检工作。

③ 对主要设备，不定期地把全部岗位生产工人集中起来，专门对一台设备进行比较彻底的点检称为重点点检。这是对岗位工人日常点检不善、不全的一个良好的补充。

④ 对不同系统的设备不定期地进行一次由专业点检人员集中进行的总点检。如宝钢炼铁厂高炉点检站电气工段，在投产前的总点检中发现的主要电气问题和施工遗留问题共 205 项，并及时得到处理，还对一千多个限位开关进行了总点检，对各部电缆进行了防水、防尘处理，对部分电机进行了振动、绝缘等项目的测定。这样高炉投产后，电气设备运行基本做到正常稳定。如果没有这次总点检，只要有一个触点、一个部件接触不良，就很难保证高炉安全、顺利、持续生产。

⑤ 对于比较关键的部位，通过分析管理和技术诊断的手段进行精密点检。这项工作一般由专门技术人员进行。

⑥ 对于主要零部件，在检修中对其磨损部位进行解体点解。

总之，将以上方法正确运用到设备管理中，就能使点检工作在设备维护维修中充分发挥作用。

6. 点检工作的业务管理

（1）制作各种维修标准。

设备管理工程师必须制定设备点检标准。例如：设备运行参数标准（温度、压力、流量、液位、间隙、振动、转速、电流、电压等）；设备点检标准；编制点检计划表。

根据技术标准按照分工原则编制点检作业卡：生产岗位工人点检作业卡、维修岗位工人的点检作业卡、定期点检作业卡、精密点检作业卡。

（2）根据点检结果做好点检记录，填写各类点检报表。

① 填写设备点检表。

② 填写精密点检记录表。

（3）做好统计报表管理。

如各种点检报表的统计分析表，为重新修订点检计划、设备维修计划、设备的备件计划提供技术支持。

7. 点检卡的制订

点检卡的内容包括检查项目内容、检查方法、判别标准，并用各种符号进行记载。车床点检卡如图 2.1 所示。

斜床身精密数控车床点检表 （发生异常时，向所属上级汇报）	设备型号		XKC7540A		设备编号										文件编号：																	
No.	点检内容	点检动作	年月													日期																
			1	2	3	4	5	6	7	8	9	10	11	12	13	14	15	16	17	18	19	20	21	22	23	24	25	26	27	28	29 30 31
1	检查电源、电压是否正常	看																														
2	检查操作系统有无报警信息	看																														
3	检查操作面板上各功能键是否正常	看																														
4	检查电柜各散热风扇运行是否正常	看																														
5	检查旋转刀盘是否在正常状态	看																														
6	检查紧急按钮是否正常	试																														
7	检查机械装置有无漏油、漏水、漏电	看																														
8	清洁机床外部、工作台、伸缩护罩	做																														
9	检查液压源的压力	看																														
10	检查切削液箱液位/温度，不足时添加	看/做																														
11	清扫切削液箱的过滤器	做																														
12	检查润滑油泵油位	看/做																														
13	清扫刀具刀柄及检查刀具紧固拉钉	每周（做）																														
14	清扫主轴锥形孔部	每周（做）																														
每天实际运行台时：																																
每月实际运行台时：																																
点检者署名：																																

每月点检项目	点检基准	点检结果	点检日期	点检者签名	异常时填写	日期	异常内容	处理情况	处理者签名
1．各滑动导轨上的刮屑板	无松动、变形，进退自如				异常时填写				
2．清理贯通主轴切削液的管路过滤器	自动恢复E型指示器：所指示压差绿色变红色								

填表说明：(1)每项保养点检后，若该项正常，则打"√"，若有异常则打："△"，(2)设备异常时：a.若自己解决则在异常栏填写解决过程，b.若不能解决，则迅速报修。若待修则打"×"。(3)本表为设备日常保养点检，使用期为一个月，发放、回收时间为每月的第一天，交由技术部门管理，以再取新表。

图 2.1　车床点检卡

　　点检卡的制订工作，主要是选择合适的点检项目。这是一项复杂而重要的工作，因此要求编制人员是一位对设备结构、性能熟悉而且技术经验丰富的人员。

　　点检内容一般以选择对产品产量、质量、成本以及对设备维修费用和安全卫生这五个方面会造成较大影响的部位为点检项目较为恰当。

　　操作工人通过感官进行点检后，应按日、按规定符号认真做好记录。维修工人根据标志符号对有问题的项目及时进行处理。凡是设备有异状而操作工人没有点检出来的，由操作工人负责。已点检出的，维修工人没有及时采取措施解决问题的，由维修工人负责。

　　为避免点检工作流于形式，并把点检和填写点检卡这一工作持久进行，必须注意以下几点：

　　① 在实践中发现毫无意义的项目，以及很长时间内（如 1～2 年）一次问题也没有发生过的项目，应从点检表中删除（涉及安全及保险装置除外）。

　　② 对经常出现异常的部位，因未列入点检项目，而未能做到及时发现异常者，应加上这一项目。

　　③ 判断标准不确切的项目，应重新修订。

　　④ 操作工人的作业能力不及者，不应勉强让他承担点检任务。

　　⑤ 维修工人要实行巡回检查制度，对点检结果发现有异常情况者，应及时解决，不可置之不理，不能解决的，也应说明原因，并向上级报告。

　　⑥ 点检记录手续不要太烦琐，要力求简便。

1.2.2　定期检查

　　定期检查是以维修工人为主、操作工人参加的、定期对设备进行的检查。其目的是发现并记录设备的隐患、异常、损坏及磨损情况，记录的内容作为设备档案资料，经过分析处理后，用来确定修理的部位、更换的零部件、修理的类别和事件，据此安排修理计划。

定期检查是一种有计划的预防性检查，检查间隔一般在一个月以上。检查的手段除用人的感官外，主要是用检查工具和测试仪器，按定期点检卡中的要求逐条进行检查。在检查过程中，凡能通过调整予以排除的缺陷，应边检查边排除，并配合进行清除污垢及清洗换油等，因此在实际生产中，定期检查往往与定期维护同时进行。若定期检查或日常检查发现有紧急问题时，可及时地口头向设备管理部门反映，然后补办手续，以便尽快安排修理任务。

1.2.3　精度检查

精度检查是对设备的几何精度及加工精度定期地、有计划地进行检测，以确定设备的实际精度。其目的是为设备的验收、调整、修理以及更新报废提供依据。

精度检查的实质是将设备实际测得的值与新设备出厂精度标准的允许值或使用单位所定生产工艺要求的精度标准允许值作比较，以确定其实际精度劣化的程度。

1.3　点检、检查和趋向管理

在通常的日常点检和定期检查中，不只是限于监视突发故障，主要是用监测仪器监测设备劣化到怎样的程度，即努力发现故障发生前的预兆是怎么样的形态。最为理想的是通过每次点检定量地掌握设备的劣化状态，如果能从变化的趋向推测故障期，就可提高预防性修理的准确性。这种方式称为劣化的趋向管理。

趋向管理的做法是将测得的表征设备状态的数据，按时间顺序画出曲线并将下列数据加以比较：① 数据的实测值与允许值；② 各点的斜率与其参考值；③ 数据的实测值与基准值，并计算其增量。

2　设备的状态监测

2.1　状态监测工作流程

对设备的整体或局部在运行过程中，物理现象的变化进行定期检测（包括点检和检查），就是状态监测。状态监测的目的是随时监视设备的运行状况，防止发生突发故障，掌握劣化规律，合理安排维修计划，确保设备的正常运行。

设备的状态监测作为整个设备状态管理工作的一部分，其工作的开展必须满足和适应系统工作的下列要求：

① 设备的状态监测必须以设备的故障分析为基础，以技术经济分析为基本依据，反过来又指导故障的分析。

② 设备的状态监测和诊断技术作为一种基本手段，为预防性维修和计划预修提供切实依据，但应按各类设备的实际情况，结合维修方式的选择，决定其采用的程度。

③ 设备的单机技术经济状况汇总表汇总状态监测和诊断所需的工时和费用，与停机及其他经济损失相结合，对实施状态检测的经济效益进行分析，决定其开展的程度。

2.2　设备的状态监测

对运转中的设备整体或其零部件的技术状态进行检查鉴定，以判断其运转是否正常，有无异常与劣化征兆，或对异常情况进行追踪，预测其劣化趋势，确定其劣化及磨损程度等，这种活动就称为状态监测。

状态监测的目的在于掌握设备发生故障之前的异常征兆与劣化信息，以便事前采取针对性措施控制和防止故障的发生，从而减少故障停机时间与停机损失，降低维修费用和提高设备有效利用率。

对于在使用状态下的设备进行不停机或在线监测，能够确切掌握设备的实际特性、有助于判定需要修复或更换的零部件和元器件，充分利用设备和零件的潜力，避免过剩维修，节约维修费用，减少停机损失。特别是对自动生产线、程式、流水式生产线或复杂的关键设备来说，意义更为突出。

2.2.1　设备状态监测与定期检查的区别

设备的定期检查是针对实施预防维修的生产设备在一定时期内所进行的较为全面的一般性检查，间隔时间较长（多在半年以上），检查方法多靠主观感觉与经验，目的在于保持设备的规定性能和正常运转。而状态监测是以关键的重要的设备（如生产联动线，精密、大型、稀有设备，动力设备等）为主要对象，检测范围较定期检查小，要使用专门的检测仪器针对事先确定的监测点进行间断或连续的监测检查，目的在于定量地掌握设备的异常征兆和劣化的动态参数，判断设备的技术状态及损伤部位和原因，以决定相应的维修措施。

设备状态监测是设备诊断技术的具体实施，是一种掌握设备动态特性的检查技术。它包括了各种主要的非破坏性检查技术，如振动理论、噪声控制、振动监测、应力监测、腐蚀监测、泄漏监测、温度监测、磨粒测试（铁谱技术）、光谱分析及其他各种物理监测技术等。

设备状态监测是实施设备状态维修的基础，状态维修根据设备检查与状态监测结果，确定设备的维修方式。所以，实行设备状态监测与状态维修的优点有：① 减少因机械故障引起的灾害；② 增加设备运转时间；③ 减少维修时间；④ 提高生产效率；⑤ 提高产品和服务质量。

设备技术状态是否正常，有无异常征兆或故障出现，可根据监测所取得的设备动态参数（温度、振动、应力等）与缺陷状况，与标准状态进行对照加以鉴别。

2.2.2   设备状态监测分类

设备状态监测按其监测的对象和状态量划分，可分为两方面的监测：

① 机器设备的状态监测。监测设备的运行状态，如监测设备的振动、温度、油压、油质劣化、泄漏等情况。

② 生产过程的状态监测。监测由几个因素构成的生产过程的状态，如监测产品质量、流量、成分、温度或工艺参数等。

上述两方面的状态监测是相互关联的。例如，通过状态监测发现生产过程发生异常，找出生产设备存在的异常或导致设备故障的原因；反之，监测设备运行状态发生异常，找出导致生产过程异常的原因。

设备状态监测按监测手段划分，可分为两种类型的监测：

① 主观型状态监测。即由设备维修或检测人员凭感官感觉和技术经验对设备的技术状态进行检查和判断。这是目前在设备状态监测中使用较为普及的一种监测方法。由于这种方法依靠的是人的主观感觉和经验、技能，要准确的做出判断难度较大，因此必须重视对检测维修人员进行技术培训，编制各种检查指导书，绘制不同状态比较图，以提高主观检测的可靠程度。

② 客观型状态监测。即由设备维修或检测人员利用各种监测器械和仪表，直接对设备的关键部位进行定期、间断或连续监测，以获得设备技术状态（如磨损、温度、振动、噪声、压力等）变化的图像、参数等确切信息。这是一种能精确测定劣化数据和故障信息的方法。

当系统地实施状态监测时，应尽可能采用客观监测法。在一般情况下，使用一些简易方法是可以达到客观监测的效果的。但是，为能在不停机和不拆卸设备的情况下取得精确的检测参数和信息，就需要购买一些专门的检测仪器和装置，其中有些仪器装置的价值比较昂贵。因此，在选择监测方法时，必须从技术与经济两个方面进行综合考虑，既要能不停机地迅速取得正确可靠的信息，又必须经济合理。这就要将购买仪器装置所需费用，同故障停机造成的总损失加以比较，来确定应当选择何种监测方法。一般来说，对以下四种设备应考虑采用客观监测方法：发生故障时对整个系统影响大的设备，特别是自动化流水生产线和联动设备；必须确保安全性能的设备，如动能设备；价格昂贵的精密、大型、重型、稀有设备；故障停机修理费用及停机损失大的设备。

状态监测又可分为在线和离线监测两种形式。在线监测是通过设备被监测部位上的传感器连续采集放大信息，并传递给计算机分析处理，为维修决策提供依据。离线监测是由专业技术人员巡回将固定在设备被监测部位上传感器的信息采集下来，在输入计算机进行分析处理。也有在线与离线相结合的系统，即有些部位在线监测，另一些部位离线监测。

2.2.3   主要状态监测技术介绍

目前主要的监测手段为振动监测、油液分析和红外技术，其他的监测手段还有声发射、涡流、X 光衍射、超声波等技术。

1. 振动监测技术

机械运动消耗的能量除了做有用功外,其他的能量消耗在机械传动的各种摩擦消耗之中,并产生振动。如果出现非正常的振动,说明机械发生故障。这些振动信号包含机械内部运动部件的各种变化信息。分辨正常振动和非正常振动,采集振动参数,运用信号处理技术,提取特征信息,判断机械运行的技术状态,这就是振动检测。由此看来,任何机械在输入能量转化为有用功的过程中,均会产生振动。振动的强弱与变化和故障相关,非正常的振动增强表明故障趋于严重。不同的故障引起的振动特征各异,相同的振动特征可能是不同的故障。振动信号是在机器运转过程中产生的,就可以在不要停机的情况下检测和分析故障。通过振动识别和确定故障的内在原因,需要专门的仪器设备和专门的技术人才。

不是所有的设备都必须作为振动监测对象进行监测的,而要根据其特点和重要性研究决定。确定监测对象时应优先考虑的设备一般有:

① 直接生产设备,特别是连续作业和流程作业中的设备;
② 发生故障或停机后会造成较大损失的设备;
③ 没有备用机组的关键设备;
④ 价格昂贵的大型精密或成套设备;
⑤ 发生故障后会产生二次公害的设备;
⑥ 维修周期长或维修费用高的设备;
⑦ 容易发生人身安全事故的设备。

设备振动信号是设备异常和故障信息的载体。选择最佳监测点并采用合适的检测方法是获得有效故障信息的重要条件。真实而充分地检测到足够数量能客观地反映设备情况的振动信号是监测诊断能否成功的关键。如果所检测到的信号不真实、不典型,或不能客观地、充分地暴露设备的实际状态,那么后续的各种功能再完善也等于零。因此,监测点选择得正确与否关系到能否对故障做出正确的监测和诊断。

一般情况下,监测点数量及方向的确定应考虑的一条总原则:能对设备振动状态作出全面描述;尽可能选择机器振动的敏感点,离机器核心部位最近的关键点和容易产生劣化现象的易损点。监测点的选择应考虑环境因素,避免选择高温度、高湿度、出风口和温度变化剧烈的地方作为监测点,以保证监测的有效性。

对于低频段的确定性振动(常为低频振动)必须同时测量径向的水平和垂直两个方向,有条件时还应增加轴向测量点。对于高频的随机振动和冲击振动可以只确定一个方向作为测量点。测量点应尽量靠近轴承的承载区,与被监测的转动部件最好只有一个界面,尽可能避免多层相隔,使振动信号在传递过程中减少中间环节和衰减量。监测点必须有足够的刚度,轴承座和侧面往往是较好的监测点。

监测点不是越多越好,要以最少的传感器,最灵敏地测出整个机组系统的工况,确定必不可少的监测点。这就需要对整个机组的结构特性做全面了解和分析。监测点一经确定,其位置一定要固定不变,如果发生偏移,监测值的离散度在高频时将达到好几倍。

确定监测周期的原则是超前于机器劣化速度。根据不同的监测对象和不同的监测点要"因机制宜"地确定监测周期。

（1）定期点检。

可以每隔 30 天、15 天、10 天、7 天、3 天、1 天监测一次。具体天数可根据不同对象确定。例如对汽轮压缩机、燃气轮机等高速旋转机械可确定每天一次；水泵、风机可每周一次。一旦发现测定数据有变化征兆，应迅速缩短监测周期，待振动值恢复正常后仍按原定监测周期进行。新安装机器或大修前后应频繁检测，直至运转正常。

（2）随机点检。

巡回随机点检必须建立在全员维修体制上。平常点检人员每月或每季仅巡回一次，而每一个操作职工，有责任时刻注意设备的振动、噪声和功能变化，每班做记录。如发现异常情况应立即报告维修人员进行跟踪点检，同时，对全厂同类型设备进行一次点检记录，做类比分析。

（3）长期监测。

一些大型关键设备应配备长期监测仪器，在线监测振动的变化。当振动值超过规定值时报警并自动记录异常信号，显示打印出振动数据。振动长期监测与控制在大型发电机组的长期监控中发挥了很大作用。

2. 温度监测技术

温度是工业生产中的重要工艺参数，也是表征机器运行状态是否正常的一个重要指标。物体的许多物理现象和化学性质都与温度有关，很多生产工艺过程都是在一定的温度范围内进行的，因此，温度和温度测量的问题是工业生产、状态监测和科学研究中人们经常遇到和要解决的问题。如果温度计选择不当，或者测量方法不合适，均不能得到准确的测量结果，由此可见，使用测温技术的重要性和复杂性。

温度测量方法可分为接触法与非接触法两类。

接触法的特点是温度计要与被测物体有良好的热接触，使两者达到热平衡。用接触法测温时，感温元件要与被测物体接触，这样往往要破坏被测物体的热平衡状态，并受到被测物质的腐蚀作用，所以，对感温元件的结构和性能要求苛刻，但这种方法测温的准确度高。

非接触法的特点是不与被测物体接触，因而不改变被测物体的温度分布，由于辐射热与光速一样快，所以热惯性很小。从原理上看，用这种方法测温无上限，通常用来测定 1 000 ℃ 以上的移动、旋转或反应迅速的高温物体的温度。但非接触法的测温准确度往往低于接触法。

3. 油样分析监测技术

油样分析是设备状态监测、故障预报和诊断的一项比较实用的技术，已有广泛应用。油样分析技术包括两个方面，一是对油液本身的物理化学性能分析，据此可对设备润滑系统进行监测，防止因润滑不良而造成的故障；二是对油液中磨屑的检测。我们知道，设备内所用油液中含有一定量的由于机器零部件磨损产生的各种微粒状物质，这些物质的含量、形态包含着有关零部件的磨损状态、工作状态以及整个系统污染程度方面丰富的信息。提供对油液样品的分析，对了解设备机械磨损的部位、机理等有着十分重要的作用，可在不拆机的情况下判断机器设备的工作状态是否正常。

对于低速、重载以及往复机械，有时利用振动方法对有些故障难于判断。有些设备由于环境限制，不便使用测振仪器，或背景噪声很大，不宜采用声学方法时，采用油液分析技术进行监测不失为一种有效的方法。

目前已经使用或正在研究的油样分析监测的方法很多，在这些油样分析监测方法中，主要是光谱分析与铁谱分析两大类。

（1）光谱分析法。

根据原子物理学知识，组成物质结构的原子是由原子核和绕一定轨道旋转的一些核外电子所组成。核外电子所处的轨道与各层电子所含的能量级有关。在稳定态下，各层电子所含的能量级最低，这时的原子状态称为基态。当物质处在离子状态下，其原子受到外来能量的作用时，如热辐射、光子照射、电弧冲击、粒子碰撞等，其核外电子就会吸收一定的能量从低能级跃迁到高能级的轨道上去，这时的原子称为激发态。激发态的原子是一种不稳定状态，有很强的返回基态的趋势，因此其存在的时间很短。原子由激发态返回基态的同时，将所吸收的能量以一定频率的电磁波形式辐射出去。若能用仪器检测出用特征波长射线激发原子后辐射强度的变化（由于一部分能量被吸收），则可知道所对应元素的含量（浓度）。同理，用一定方法（如电弧冲击）将含数种金属元素的原子激发后，若能测得其发射的辐射线的特征波长时，就可以知道油样中所含元素的种类。前者称为原子吸收光谱分析法，后者称为原子发射光谱分析法。

（2）铁谱分析法。

铁谱分析法是一种新的油液分析方法。其基本原理是在强磁场作用下，将油液中的磨屑或其他污染物分离出来，并按粒度大小，依次沉积到特制基片或沉淀管中，以分析油液中各种金属磨屑和污染物的形态、成分、数量及粒度分布情况，从而获得有关磨损过程的磨粒类型及磨屑材料方面的信息，据此对设备状态进行监测和诊断。

铁谱分析法主要用于对铁质磨粒进行定性及定量分析。另外，由于各种机器零部件基本上是由钢铁产量所构成的，这就使铁谱方法的实用意义更加突出。

进行油样铁谱分析的仪器称为铁谱仪。自 1971 年在美国出现第一台铁谱仪样机以来，至今已形成了分析式铁谱仪、直读式铁谱仪、在线式铁谱仪和旋转式铁谱仪四种各具特点的铁谱仪。其中前两种比较成熟，应用较为普遍。

各种油样分析技术在分析效率、速度及适用场合等各方面各具特色。只采用单一技术很难对复杂机器故障得出准确的诊断结论。若将油样分析监测方法与其他监测方法结合起来对设备进行监测和诊断将会取得更好效果。

油样分析目前主要用于离线监测，会导致一定的信息丢失。此外，油样分析技术的信息量大且杂，既有图像有数字，依靠人力来管理是十分困难的，必须采用计算机技术和相应应用软件来提高分析的实时性和精确性。这类软件有：发动机光谱与铁谱数据库及其管理系统、铁谱监测的磨损图像软件、光谱油样分析软件等。

4. 红外监测技术

（1）用于生产工艺流程的监控。

在冶金工业如炼铁高炉炉顶投料面的温度分布，在铸钢连铸工艺中钢坯表面温度的分布及在轧钢中带钢温度的分布等对保证产品的质量和节约能源密切相关。但是，在这些工艺流程中原料都是处于动态中或不可接近的状态下，因此，使用红外热像仪是唯一可供选择的手段。自 20 世纪 80 年代初以来，美、英、法、日已普遍采用了红外热像技术，以采用瑞典 AGA 系列红外热像仪为主。

（2）用于热设备绝热性能监测。

冶金工业中的各种冶金炉和石化工业中各种反应塔等都是在高温或高温高压下工作的，其绝热性能的状况直接影响着生产安全和维修计划。采用热像仪技术可以比较直观形象地显示出热设备大面积的温度分布状态，以便及时地发现热点，避免重大设备事故。这方面石化工业起步较早，在欧洲荷兰壳牌（Shell）石油公司从 20 世纪 70 年代开始用 AGA750 红外热像仪检测该公司各项炼油设备的生产安全，以后发展为承包中东等许多国家炼油厂的生产安全。我国近几年来很多炼油厂也开始了这方面的工作。

（3）用于各种管道的热漏检测。

冶金、石化企业中各种输热管道，如蒸汽、燃气、热风管道，可长达数十千米。其热漏可造成大量能源损失。采用红外热像仪沿管道扫描并用录像带记录。回放时根据位置坐标即可发现热漏点。美、英、日等国在这方面开展工作较早，并取得了良好的效果。我国从 1983年起步，首先由中科院力学所等单位与燕山石化总公司合作进行了输热管道热损失的研究，取得了一定成绩，现已逐步推广应用。

（4）红外监测技术在电力设备监测中的应用。

电力部门是红外热像监测技术应用较早的部门之一。红外成像技术由于技术先进、实用性强、普查效率高、检测灵敏可靠、不用停电、安全性好等优点，已成为红外监测技术发展的方向。现阶段应用比较普及的是红外测温仪。红外测温仪价格低、测温准，但只能单点瞄准检测，效率很低，亦易发生漏测和误判断。同时由于不能扫描和成像，不能进行设备缺陷热分布场分析，对电力设备内部缺陷的判断很难通过检测达到定性的目的。随着电力工业的高速发展和普及应用，红外成像技术已成为电力企业科技进步的必然要求。

任务实施

（1）确定所要分析的纺织机电设备。

（2）对该设备进行分析。查阅设备使用说明书，对设备进行观察；分析旋转部件结构、运动原理；分析滑动部件结构、运动原理；分析变速机构；分析轴承的分布、轴的转速，加油方法；分析滑动面的结构、加油方法；分析电机的作用、控制原理；分析各传感器的类型、控制原理；分析操作机构、手柄位置等。

（3）查阅资料，确定需点检的内容。

（4）设计设备点检表。

（5）检查任务完成情况。

课后作业

（1）设备点检的定义、目的以及点检管理的实质是什么？

（2）点检如何分类？

（3）点检作业实施前的基本工作包括哪些？

（4）点检表制作过程中需要注意哪些问题？

任务3　设备的日常维护与临时小修

 **任务描述**

设备科长要求设备管理人员对车间购进的该批同型号的纺织机电设备进行分析，归纳整理其使用、维护、保养要点及使用注意事项。

 **相关知识**

1　设备的日常维护

设备的维护是操作工人为了保持设备的正常技术状态，延长使用寿命所必须进行的日常工作，也是操作工人的主要责任之一。

设备维护工作做好了，可以减少停工损失和维修费用，降低产品成本，保证产品质量，提高生产效率，给国家、企业和个人都带来良好的经济效益。因此，企业必须重视和加强这方面的管理工作。

1.1　设备维护的类别

设备的维护工作分为日常维护和定期维护两类。

1.1.1　设备的日常维护

设备的日常维护包括每班维护和周末维护两种，由操作者负责进行。

每班维护要求操作工人在每班生产中必须做到：班前对设备各部分进行检查，并按规定加油润滑；规定的点检项目应在检查后记录到点检卡上，确认正常后才能使用设备。设备运行中要严格按操作维护规程，正确使用设备，注意观察其运行情况，发现异常要及时处理，操作者不能排除的故障应通知维修工人检修，并由维修工在"故障修理单"上做好检修记录。下班前15分钟左右认真清扫，擦拭设备，并将设备状况记录在交接班簿上，办理交接班手续。

周末维护主要是在每周末和节假日前，用1～2小时对设备进行较彻底的清扫、擦拭和涂油，并按设备维护"四项要求"进行检查评定，予以考核。日常维护是设备维护的基础工作，必须做到制度化和规范化。

1.1.2　设备的定期维护

设备定期维护是在维修工的辅导配合下，由操作者进行的定期维护工作，是设备管理部门以计划形式下达执行的。两班制生产的设备约三个月进行一次，干磨多尘设备每月进行一次，其作业时间按设备复杂系数每单位为0.3～0.5小时计算停歇，视设备的结构情况而定。精密、重型、稀有设备的维护和要求另行规定。

设备定期维护的主要内容是：

① 拆卸指定的部件、箱盖及防护罩等，彻底清洗、擦拭设备内外。

② 检查、调整各部件配合间隙，紧固松动部位，更换个别易损件。

③ 疏通油路，增添油量，清洗滤油器、油毡、油线、油标，更换冷却液和清洗冷却液箱。

④ 清洗导轨及滑动面，清除毛刺及划伤。

⑤ 清扫、检查、调整电器线路及装置（由维修电工负责）。

设备通过定期维护后，必须达到：

① 内外清洁，呈现本色；

② 油路畅通，油标明亮；

③ 操作灵活，运转正常。

2　设备日常维护保养内容

机电设备的正确使用和维护，是机电设备管理工作的重要环节。正确使用机电设备，可以防止发生非正常磨损和避免突发性故障，能使机电设备保持良好的工作性能。而精心维护机电设备则可以改善纺织机电设备技术状态，延缓劣化进程，保证机电设备的安全运行，提高使用效率。

实践证明，机电设备的寿命在很大程度上取决于使用方法和维护保养的程度。

设备日常维护保养主要包括以下内容：

① 揩车；

② 加油润滑；

③ 巡回检查；

④ 重点检修；

⑤ 专业检修。

2.1　揩　车

设备经过一定时期的运转使用后，一些工艺部件会出现走动，机台会积聚较多的飞花、尘杂、油污，不仅影响产品质量，还会造成润滑不良，电动机散热困难，引发设备事故和火警隐患。

定期对设备进行清揩、除污、加油润滑，校正主要机件状态，更换、补齐缺损机件的工作叫揩车。

1. 揩车周期

揩车周期一般定为 6~15 天。在实际工作中，可根据不同状态确定。通常中、粗特纯棉纱周期短一些，为 6~9 天；细特纯棉纱、合纤混纺纱可长些。新机型由于应用新型纺专器材多，润滑条件好、清洁装置功能强以及机器运转平稳、振动小，揩车周期可偏长，但最长不宜超过 15 天。

2. 揩车计划的编制

揩车计划，每月编制一次。编制时应考虑月度保全平车计划，合理安排，既要避免工作重复，又要以不超过企业已确定的周期为限，这要适当留有余地。

执行揩车计划中，对揩车进行的工作（如对有关零部件的加油和调换），应根据需要确定周期，并在计划中按日期、机台号注明，由各揩车队掌握执行。

3. 揩车的范围和内容

（1）揩车工作范围。

① 揩清细纱机车头、尾各部件及牵伸齿轮部分并加油。

② 揩清三根罗拉及牵伸系统各部件。

③ 清洁锭子，拔起锭杆补充锭子油。

④ 全车各部位揩、擦、扫清。

⑤ 按周期对罗拉轴承、锭带盘轴承等加油，对钢丝圈、集合器、胶辊、胶圈等进行调换。

⑥ 平整钢领板、导纱板高低。

⑦ 捻头开车。

（2）揩车的组织与分工。

① 一、六制：即揩车头 1 人，揩车身 6 人。

② 一、五制：即揩车头 1 人，揩车身 5 人（其中 1 人揩车尾段两边）。

③ 一、四制：即揩车头 1 人，揩车身 4 人。

担任揩车头的人是队长，负责该揩车队的组织领导工作，并具体负责车头、尾的揩扫、牵伸传动齿轮的拆装和加油工作。揩车身采取分段负责作业法，每人负责一段车身的揩扫工作。

4．揩车的原则和要求

揩车是集体共同操作的工作，按规定有计划、有顺序、相互协调配合，原则上由上到下，由里到外依次揩擦、安装、清扫和加油。要按往复操作的规律进行操作，避免空程，不重复，无漏项，无漏段，无漏点，并防止拍、打、吹、扇，影响邻台的正常生产和纺纱质量。工具放置应不影响车间整洁，不影响相邻机台的挡车巡回操作，在揩车使用时方便顺手，不打乱工作路线，保证安全生产。

揩车应保证做到以下要求：

① 三清：车头、车尾清洁无油污；牵伸部分清洁无油污，胶圈内无积花和油污；卷捻部分清洁无死花，龙筋上无油渍。

② 六不：不出油污纱；不出成形不良纱；不出飞花附入的羽毛纱；不出搭牙齿不良造成的条干不匀纱；不用错钢丝圈型号；不用错生头纱。

③ 四分清：粗纱头、回丝、油花、白花与脚花分清。

④ 三满意：挡车工、落纱工、修机工满意。

2.2　加油润滑

设备在运转时，轴与轴承、锭子与锭脚、链条与链轮之间、齿轮与齿轮等表面互相接触，并进行相互运动，产生摩擦就必然引起磨损。为了降低能源消耗和减缓零件的磨损，需要定期添加润滑油脂。

润滑油脂可以达到以下效果：

① 用润滑油膜隔离两个相互运动机件的接触面，减少直接磨损。

② 能够成倍，甚至几十倍地降低零件间的摩擦因数，减少阻力，降低动力消耗。

③ 可以降低摩擦面因摩擦而产生的温度，使零件不致因过热而膨胀，出现"咬刹"，甚至起火。

④ 能够附于机件表面，形成保护油膜，起防护、防锈作用。

所以加润滑油脂是保养设备的一项重要工作。如果润滑不当，就会造成机器零部件不正常的磨损，除影响设备使用寿命外，还会多消耗动力，或浪费油料，或出现油渍纱疵等。要想得到理想的润滑效果，应注意选用润滑油、脂的种类和牌号，并注重随季节变化而变化加油周期和加油量，采用合适的加油工具。

2.2.1　润滑管理的目的和内容

润滑管理的目的是：防止机械设备的摩擦副异常磨损，防止润滑油脂、液压油泄漏和摩擦副间进入杂质，从而预先防止机械设备工作可靠性下降和发生润滑故障，以提高生产率，降低运转费用和维修费用。

润滑管理的内容包括：运用摩擦学原理正确实施润滑技术管理和润滑物资管理。润滑技术管理的重点是对设备的润滑故障采取早期预防和对已发生的润滑故障采取科学的处理对策。具体做法是：分析润滑故障的表现形式和原因，对润滑故障进行监测和诊断，对润滑故障从摩擦副材质、润滑油脂质量分析、润滑装置和润滑系统等多方面采取对策。此外润滑技术管理还包括摩擦副的信息管理，在用润滑剂品种汇总统计，编制供应、按质换油等计划，防止润滑剂污染的管理，防止润滑剂泄漏的管理，制定相关工程技术人员和工人的摩擦学教育培训等。润滑物资管理是指：润滑剂的正确采购、科学验收、正确保管与发放、废油回收和再生处理等。

2.2.2　设备润滑操作规程

设备润滑的操作和管理是一项细致的工作，需要具有一定的专业基础、润滑知识和操作经验。实际工作中严格执行加油操作规程是非常必要的，一般操作规程如下：

① 加油时要严格执行安全操作规程，特别是在运转中的加油部位注意齿轮的转向，防止衣袖、油壶嘴轧入，造成事故。

② 认真做好加油工具的维修和维护工作，妥善保管，不得随意乱放，以免造成污染事故。

③ 按润滑油脂的种类、特性、使用方法、使用范围，正确使用润滑脂。

④ 认真做好机配件和润滑油脂的更换工作，揩拭布一定要清洁，重要部位的揩布一定要清洁后使用，避免尘埃污染机件。更换新的机件，其润滑部位和安装部位，一定要彻底清洁。如齿轮箱新更换齿轮，磨合后要重新清理并更换润滑油，然后才能正常投入使用。

⑤ 各齿轮箱在试车运转后应清洁干净注满新油。在最初期间必须缩短周期，第一次至少是期限的一半，第二次至少是规定周期的三分之二。齿轮箱的油一般三个月应检查一次，如果润滑油很清澈或稍浑浊就不要更换，油少要按定位补满。

⑥ 高速运转部位加油，如罗拉或锭子要清除周围花毛，加油时要转动罗拉直到油脂从两侧密封间隙溢出为止，最后要擦净油渍。

⑦ 对密封轴承，其内部已加入了润滑油脂就不必再加润滑脂，安装时要保护密封盖不被破坏，以免油脂溢出和尘埃入侵。

⑧ 对需加热安装的密封轴承，或已加入润滑脂的轴承，加热安装时要注意使加热温度不得超过 120 ℃，防止润滑油脂熔化溢出。

⑨ 更换轴承时尤为注意清洁工作，润滑脂中的尘埃、杂质或水分对轴承磨损较大。当杂质的含量由零增加到 0.5%时，轴承磨损可能增加 5 ~ 10 倍。

⑩ 润滑油的加油量要适当，一般轴承的加油量为 1/3~1/2。运转机台的加油更要依负荷高低适量加油，以免造成负荷加重、油污疵点和浪费油料。

2.2.3 润滑管理的实施

企业应从企业类型和规模、设备等实际情况出发，建立健全润滑管理的组织结构。应视情况配备具有摩擦学等专业知识的润滑技术人员，全面负责企业设备的润滑管理工作，同时配备相应的专职润滑管理人员，负责润滑管理的具体工作。企业应设立润滑站，负责润滑材料的化验、配制、供应、废油回收及再生等工作。

企业应制定并实施润滑管理规章制度，同时制定各级润滑管理人员的岗位职责和工作制度。例如进口设备润滑管理制度、润滑站管理制度、设备清洗换油制度等。

做好润滑管理的具体工作包括：

① 编制各类设备的润滑卡片、润滑图表和有关技术资料，有条件可编制或使用计算机辅助润滑管理信息系统软件。

② 编制设备年、季、月度清洗换油计划，指定润滑油料和擦拭材料消耗定额。

③ 认真落实设备润滑"五定"和"三过滤"。

润滑"五点"是指定点、定质、定量、定期、定人。所谓定点是对润滑图表上的润滑部位进行加油、换油、检查油质等工作；定质是指各润滑部位使用的润滑材料必须合理，而且保证油质；定量是指在保证润滑良好的基础上，按消耗定额对各润滑部位加油脂、补油脂和油箱的清洁换油；定期是指按规定的间隔时间对润滑部位进行加油，或取油样进行检验，视其分析结果再确定采取清洗换油或循环过滤等措施；定人是指确定从事上述加油、补油、换油或取样检验、分析等润滑技术和管理的各类人员（包括操作工、维修工、润滑工、化验员、工程技术人员等）。

"三过滤"亦称"三级过滤"，是为了减少油液中的杂质含量，防止尘屑等杂质随油进入设备而采取的措施。它包括入库过滤、发放过滤和加油过滤。入库过滤是指油液经运输入库泵入油罐贮存时要经过过滤。发放过滤是指油液发放注入润滑容器是要经过过滤。加油过滤是指油液加入设备贮油部位时要经过过滤。

④ 加强油品的污染控制管理。

⑤ 做好预防和解决润滑故障的技术和管理工作。

⑥ 参与精密、大型、关键、重点设备的润滑系统和液压设备的技术改装和技术改造方案的讨论、审定和实施工作。

⑦ 推广应用润滑新材料。

⑧ 协同企业有关部门（例如供应处）做好润滑物资管理工作，确保加入到设备中的润滑油品品种、数量正确，并协同做好废旧油品回收和再生工作。

2.2.4 润滑管理注意事项

加油部位都应该有加油（脂）周期表，并严格按"五定"的要求（定人、定时、定量、定质、定点）加以落实。要想得到理想的润滑效果，应注意选用润滑油、脂的种类和牌号，并注重随季节变化而变化加油周期和加油量，采用合适的加油工具。

加油润滑需要注意以下几项：

① 正确保管润滑油品，保管时间一般不超过一年，对变质润滑剂不得使用，以免影响润

滑效果，发生机械故障。

② 注意润滑剂的密封和保洁工作，润滑油、脂的储存容器不能不盖而存放于车间，防止润滑油、脂污染而加剧运转设备的磨损。

③ 加油前要检查油内有无杂物、飞花、水分渗入，以免堵塞油孔，磨损机件，有条件的最好在使用前进行过滤。

④ 结合加油要揩擦、掏清油孔，并检查润滑部位温升情况。

2.3　巡回检修

修机工在规定的重点检修区内进行巡回时，用目视（查失损件）、手摸（查发热和振动）、耳听（查异响）、鼻闻（查异味）、口问（问挡车工）等各种方式，了解设备存在的问题，然后立即进行检修，这种检修叫巡回检修。

巡回检修工作是保证机器设备正常安全生产的预防性维修工作。虽有定期的揩车、重点检修等维修项目，但机器运转产生的振动、冲击、润滑消耗，以及外部操作不当等原因，随时都会有产生故障的可能，所以每个轮班都必须进行巡回检修，因而又把这一检修称为运转检修。

由三班或四班修机工的重点检修区（或叫责任机台区）组成的大区，就是各班修机工巡回检修区。因此，重点检修区域的分工，是按大区域由运转三班或四班同工区的巡回检修工平均分配，一般每人负责 20 ~ 25 台纱机为巡回检修责任机台。在巡回检修大区是不分班别的，发现问题都应立即修复。

2.4　重点检修

有计划地对设备上的重要部件进行周期性的预防检修工作称为重点检修。

重点检修一般都由各班修机工负责检修，且实现"分区责任制"，各班修机工只负责检修本班责任区内的机台，称为"责任台"。

重点检修是防止机器经过一段时间的运转，因位移、变形、磨损、振动和润滑不良等原因，造成工艺状态和机械状态出现问题进而恶化，或出现机械故障隐患，影响纺纱质量和设备完好。

为了保证设备的正常运转，将机械事故消灭在萌芽状态，为运转生产创造良好条件，达到高产、优质和低消耗，除了正常的揩车作业外，必须按规定周期进行重点检修。

重点检修包括两个方面的内容：即重点检修和重点专业维修。

重点检修的周期一般与揩车间隔相当，定为 8 ~ 15 天。

重点检修计划一般一个月编制一次，最好安排在两次揩车之间。

重点检修应注意以下原则：

① 注意检查运转状态。

② 操作顺序，从左到右，从上到下，依次进行，避免遗漏。

③ 边查边修。

④ 先易后难。

⑤ 检修中不能自己解决的问题应及时向上级报告。

⑥ 结合正常停车时间检修。

2.5　专业检修

专业检修一般在以下三种情况进行：

① 对主轴和锭子传动等高速部件和牵伸部件的补偿性维修，形同于部分保全，但着重于状态需要的维修。

② 对机械运转状态不良而有针对性的维修，以牵伸及牵伸传动为主要对象。

③ 质量原因，经分析确属机械某部件作用不良而造成，而不拆车维修难以完成质量指标的重点维修。

2.6　设备维护记录表

某设备维护记录表如图 2.2 所示。

单位：　　　　　　　使用人员： 设备名称：轮式装载机　　设备型号：　　　　　　　　　　　　　　　　记录月份：　　年　月																																
序号	日常保养点检内容	1	2	3	4	5	6	7	8	9	10	11	12	13	14	15	16	17	18	19	20	21	22	23	24	25	26	27	28	29	30	31
1	检查机身是否干净整洁																															
2	检查各紧固点是否有松动、连接点是否灵活																															
3	检查电控箱、电气线路是否有损坏																															
4	检查转向装置是否灵活可靠																															
5	检查各项油脂是否充足、各油路接口是否漏油																															
6	检查油缸是否伸缩自如																															
7	检查各润滑点是否缺油																															
	验收人员签字																															
注意：是√，否×，每天必须对设备进行检查签字，找负责人签字确认。																																

图 2.2　设备维护保养记录表

2.7　设备润滑记录表

某设备润滑记录表如图 2.3 所示。

序号	设备名称	润滑部位及油品	润滑周期	计划的加油时间 七月份　　煤磨工段																												
				1	2	3	4	5	6	7	8	9	10	11	12	13	14	15	16	17	18	19	20	21	22	23	24	25	26	27	28	29	30	31
1	立磨	辅转减速机	15日																														
		主电机稀油站	15日																														
		磨辊润滑油站	15日																														
		磨辊旋转油封	7日																														
		高低压润滑油站	15日																														
		液压系统	15日																														
		选分机立轴	7日																														
		选分机减速机	15日																														
2	防爆收尘器	轴承	7日																														
		减速机	15日																														
3	给煤机	减速机	15日																														
4	皮带收尘器	轴承	7日																														
		减速机	15日																														
5	排风机	轴承座	15日																														
6	螺旋输送机	头尾轮轴承	7日																														
		吊轴承	7日																														
		减速机	15日																														
7	煤粉仓收尘器	轴承	7日																														
		减速机	15日																														

熟料烧成部设备润滑计划表

注：1. 在计划加油的日期下面画"○"。
　　2. 在计划的日期当天加油了，在圆圈中画"—"，未加油画"×"，并调整计划。
　　3. 月末将此表交部门工程师处。
　　4. 此表的完成情况纳入当月对工段长的考核。

图 2.3　设备润滑记录表

3　设备的临时小修

设备的小修是工作量最小的一种计划修理。

对于实现状态监测维修的设备，小修的工作内容主要是针对日常点检和定期检查发现的问题，拆卸有关的零、部件，进行检查、调整、更换或修复失效的零件，以恢复设备的正常功能。

对于实行定期维修的设备，小修的工作内容主要是根据掌握的磨损规律，更换或修复在修理间隔期内失效或即将失效的零件，并进行调整，以保证设备的正常工作能力。

任务实施

（1）确定所要分析的纺织机电设备。

（2）对该设备进行分析。查阅设备使用说明书，对设备进行观察，分析旋转部件结构、运动原理；分析滑动部件结构、运动原理；分析变速机构；分析轴承的分布、轴的转速，加油方法；分析滑动面的结构、加油方法；分析电机的作用、控制原理；分析各传感器的类型、控制原理；分析操作机构、手柄位置等。

（3）查阅资料，确定需维护保养的内容。

（4）设计设备维护记录表。

（5）设计设备润滑记录表。

（6）检查任务完成情况。

课后作业

（1）设备维护的内容是什么？

（2）设备维护的要点是什么？

情境 3
设备的维修管理

学习目标

（1）学习设备故障与事故分析与处理的知识，为进一步了解设备的实际工作状况，为设备的维修工作提供可靠的依据。

（2）理解大、中修管理的工作内容，学习维修计划的编制依据和基本内容，维修工作定额的制定，维修质量的检查验收和交接。会制订简单的设备维修计划。

（3）学习备件的管理目标、管理内容、合理库存、合理计划的管理知识。

学习情境导论

使设备正常运行是设备管理的基本目标，但是由于各种原因的不可避免性，设备不可避免地会出现故障，甚至会有造成事故的可能。如何对设备的故障事故进行有效的管理分析，及时启动应急预案，采取合理措施进行处置，并以此作为制定设备维修管理工作的重要依据，同时在维修中如何配备合理的备件，保证维修的及时性，而设备维修工作本身的管理也是设备管理的一个重要的课题。

任务列表

任务 1 设备故障与事故管理

任务 2 设备的大中修管理

任务 3 设备的备件管理

任务 1　设备故障与事故管理

任务说明：

设备使用过程中，难免会由于某种原因，使系统、机器或其零部件丧失规定的功能，出现故障。作为设备管理人员，在故障管理工作中，必须要对每一项具体的设备故障进行分析，查明发生的原因和机理，采取预防措施，防止故障重复出现。同时，也要对本系统、企业全部设备的故障基本状况、主要问题、发展趋势等有全面的了解，找出管理中的薄弱环节，并从本企业设备着眼，采取针对性措施，预防或减少故障，改善技术状态。因此，对故障事故信息的收集、整理、统计分析是故障管理中必不可少的内容，是制定管理目标的主要依据。

任务相关知识点：

（1）认识设备故障及其分类。

（2）了解设备故障的规律。

（3）熟悉设备故障管理的工作要求和程序。

（4）掌握如何全面收集设备故障信息。

（5）掌握如何分析设备故障信息。

（6）掌握如何将故障分析结果应用于工作实践。

（7）掌握设备故障处理的通用方式。

（8）掌握设备事故的管理方法。

任务实施方式：

本次课堂内容以讲授和课堂小训练为主，使学生了解设备故障管理的工作内容，掌握设备故障信息收集和分析的方式方法，熟悉设备故障和事故的处理方法。另外，以发动机故障为实例，安排一次发动机故障分析会，通过实践训练，让学生了解故障事故信息收集与处理的全过程。

1　设备故障管理

1.1　设备故障的定义

所谓设备故障，一般是指设备失去或降低其规定功能的事件或现象，表现为设备的某些零件失去原有的精度或性能，使设备不能正常运行，技术性能降低，致使设备中断生产或效率降低而影响生产。

事故也是一种故障，是侧重安全与费用上的考虑而建立的术语，通常是指设备失去了安全的状态或设备受到非正常损坏等。

一般来说，设备故障分三个阶段，如图 3.1 所示。早期故障期，亦称磨合期，该时期的故障率通常是由于设计、制造及装配等问题引起的。随运行时间的增加，各机件逐渐进入最佳配合状态，故障率也逐渐降至最低值。偶发故障或随机故障期的故障是由于使用不当、操作疏忽、润滑不良、维护欠佳、材料隐患、工艺缺陷等偶然原因所致，没有一种特定的失效机理主导作用，因而故障是随机的。耗损故障期的故障是在机械长期使用后，零部件因磨损、疲劳，其强度和配合质量迅速下降而引起的，其损坏属于老化性质。

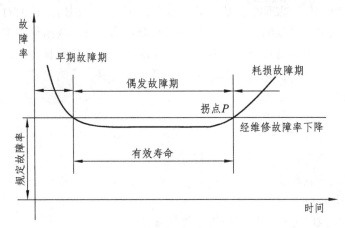

图 3.1 设备故障发生发展的三个阶段

设备故障率的三个阶段，真实地反映出设备从磨合、调试、正常工作到大修或报废故障率变化的规律。如准确地找出关键点，可延长偶发故障期，避免过剩修理。设备故障还可以分为可预防和不可预防两大类，若可预防的设备故障多，则说明设备的预防维修工作没有到位，若不可预防的设备故障多，说明设备本身的可靠性差，技术档次不高。控制和降低设备的故障，主要从提高预防维修能力和设计制造设备必须注意到其可靠性等两方面同时入手。

1.2 设备故障管理的意义

在故障发生前通过设备状态的监测与诊断，掌握设备有无劣化情况，以期发现故障的征兆和隐患，及时进行预防维修，以控制故障的发生；在故障发生后，及时分析原因，研究对策，采取措施排除故障或改善设备，以防止故障的再发生。

做好设备故障管理，掌握发生故障的原因，积累典型故障资料和数据，开展故障分析，重视故障规律和故障机理的研究，加强日常维护、检查和预修，可以有效避免或降低故障发生。

1.3　设备故障管理的程序

设备故障管理的工作程序包括以下内容：

（1）做好宣传教育工作，使操作工人和维修工人自觉地遵守有关操作、维护、检查等规章制度，正确使用和精心维护设备，对设备故障进行认真的记录、统计、分析。

（2）结合公司生产实际和设备状况及特点，确定设备故障管理的重点。

（3）采用监测仪器和诊断技术对重点设备进行有计划的监测，及时发现故障的征兆和劣化的信息。一般设备可通过人的感官及一般检测工具进行日常点检、巡回检查、定期检查（包括精度检查）、完好状态检查等，着重掌握容易引起故障的部位、机构及零件的技术状态和异常现象的信息。同时要建立检查标准，确定设备正常、异常、故障的界限。

（4）为了迅速查找故障的部位和原因，除了通过培训使维修、操作工人掌握一定的电气、液压技术知识外，还应把设备常见的故障现象、分析步骤、排除方法汇编成故障查找逻辑程序图表，以便在故障发生后能迅速找出故障部位与原因，及时进行故障排除和修复。

（5）完善故障记录制度。故障记录是实现故障管理的基础资料，又是进行故障分析、处理的原始依据。记录必须完整正确。维修工人在现场检查和故障修理后，应认真填写"设备维修管理卡"并统一交到工程部做记录。

（6）通过对故障数据的统计、整理、分析，计算出各类设备的故障频率、平均故障间隔期，分析单台设备的故障动态和重点故障原因，找出故障的发生规律，以便突出重点采取对策及安排预防修理或改善措施计划，还可以作为修改定期检查间隔期、检查内容和标准的依据。

（7）针对故障原因、故障类型及设备特点的不同采取不同的对策。对新设置的设备应加强使用初期的管理，注意观察、掌握设备的精度、性能与缺陷，做好原始记录。在使用中加强日常维护、巡回检查与定期检查，及时发现异常征兆，采取调整与排除措施。重点设备进行状态监测与诊断。建立灵活及具有较高技术水平的维修组织，采用分部修复、成组更换的快速修理技术与方法。及时供应合格备件。利用生产间隙整修设备。对已掌握磨损规律的零部件采用改装更换等措施。

（8）做好控制故障的日常维修工作。通过日常巡回检查和按计划进行的设备状态检查所取得的状态信息和故障征兆，以及有关记录、分析资料，由工程部针对各类型设备的特点和已发现的一般缺陷，及时安排日常维修，便于利用生产空隙时间，做到预防在前，以控制和减少故障发生。对某些故障征兆、隐患，日常维修无力承担的，则反馈上级领导做安排。

（9）建立故障信息管理流程图，如图3.2所示。

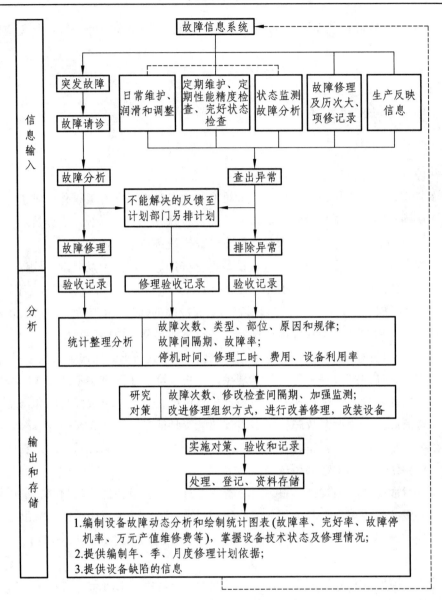

图 3.2　故障信息管理流程图

1.4　设备故障信息的收集和分析

在故障管理工作中，不但要对每一项具体的设备故障进行分析，查明发生的原因和机理，采取预防措施，防止故障重复出现，同时，还必须对本系统、企业全部设备的故障基本状况、主要问题、发展趋势等有全面的了解，找出管理中的薄弱环节，并从本企业设备着眼，采取针对性措施，预防或减少故障，改善技术状态。因此，对故障信息收集整理并进行统计分析是故障管理中必不可少的内容。

1.4.1　故障信息数据收集与统计

1. 故障信息的主要内容

（1）故障对象的有关数据包括系统、设备的种类、编号、生产厂家、使用经历等。

（2）故障识别数据有故障类型、故障现场的形态表述、故障时间等。

（3）故障鉴定数据有故障现象、故障原因、测试数据等。

（4）有关故障设备的历史资料。

2. 故障信息的来源

（1）故障现场调查资料。

（2）故障专题分析报告。

（3）故障修理单。

（4）设备使用情况报告（运行日志）。

（5）定期检查记录。

（6）状态监测和故障诊断记录。

（7）产品说明书，出厂检验、试验数据。

（8）设备安装、调试记录。

（9）修理检验记录。

3. 收集故障数据资料的注意事项

（1）按规定的程序和方法收集数据。

（2）对故障要有具体的判断标准。

（3）各种时间要素的定义要准确，计算各种有关费用的方法和标准要统一。

（4）数据必须准确、真实、可靠、完整，要对记录人员进行教育、培训，健全责任制。

（5）收集信息要及时。

4. 做好设备故障的原始记录

（1）跟班维修人员做好检修记录，要详细记录设备故障的全过程，如故障部位、停机时间、处理情况、产生的原因等，对一些不能立即处理的设备隐患也要详细记载。

（2）操作工人要做好设备点检（日常的定期预防性检查）记录，每班按点检要求对设备做逐点检查、逐项记录，对点检中发现的设备隐患，除按规定要求进行处理外，对隐患处理情况也要按要求认真填写，以上检修记录和点检记录定期汇集整理后，上交企业设备管理部门。

（3）填好设备故障修理单，当有关技术人员会同维修人员对设备故障进行分析处理后，要把详细情况填入故障修理单，故障修理单是故障管理中的主要信息源。

5. 做好设备故障信息的存储

（1）用计算机存储、统计故障信息。

（2）编制计算机辅助设备故障管理子系统，该系统的功能有：设备故障信息输入，故障统计分析，查询、显示和打印故障设备名称、各车间或全厂（按周、月、季、年）故障总次数、停机总时间，统计、打印主要设备的平均无故障工作时间 MTBF、平均修理时间 MTTR 等。

1.4.2　设备故障信息的分析

1. 故障原因分析

开展故障原因分析时，对故障原因种类的划分应有统一的原则。因此，首先应将本企业的故障原因种类规范化，明确每种故障所包含的内容。划分故障原因种类时，要结合本企业拥有的设备种类和故障管理的实际需要。其准则应是根据划分的故障原因种类，容易看出每种故障的主要原因或存在的问题。当设备发生故障后进行鉴定时，要按同一规定确定故障的原因（种类）。当每种故障所包含的内容已有明确规定时，便不难根据故障原因的统计资料发现本企业产生设备故障的主要原因或问题。表 3.1 为某厂故障原因的分类。

表 3.1　故障原因的分类

序号	原因类别	主要内容
1	设计问题	原设计结构、尺寸、配合、材料选择不合理等
2	制造问题	原制造的机加工、铸锻、热处理、装配、标准元器件等存在问题
3	安装问题	基础、垫铁、地脚螺栓、水平度、防振等问题
4	操作保养不良	不清洁、调整不当、未及时清洗换油、操作不当等
5	超负荷，使用不合理	加工件超规格、加工件不符合要求、超切削规范、加工件超重、设备超负荷等
6	润滑不良	不及时润滑、油质不合格、油量不足或超量、油的牌号种类错误、加油点堵塞，自动润滑系统工作不正常等
7	修理质量问题	修理、调整、装配不合格，备件、配件不合格，局部改进不合理等
8	自然磨损劣化	正常磨损、老化等
9	自然灾害	由雷击、洪水、暴雨、塌方、地震等引起的故障
10	操作者马虎大意	由于操作者工作时精神不集中引起的故障
11	操作者技术不熟练	一般指刚开始操作一种新设备，或工人的技术等级偏低
12	违章操作	有意不按规章操作
13	原因不明	

图 3.3 是某制造车间一个季度的故障原因统计分析。通过对企业实际故障的统计分析，可以了解企业发生故障的主要原因和内容，明确故障管理工作的重点。

需要注意的是在原因分类分析时，由于各种原因造成的故障后果不同，所以，通过这种分析方法来改善管理与提高经济性的效果并不明显。

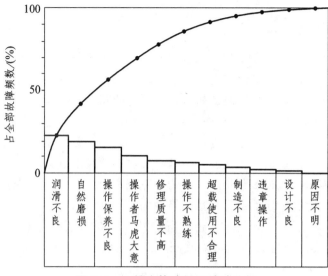

图 3.3 一季度故障原因统计分析

2. MTBF 和 MTTR 的分析

MTBF（Mean Time between Failures）平均故障间隔时间，是衡量设备可靠性的重要指标。MTTR（Mean Time to Repair）平均修复时间，是衡量设备维修性的重要指标。这两个指标与故障频率和故障停机时间有关。故障频率是指某一系统或单台设备在统计期内（如一年）发生故障的次数；故障停机时间是指每次故障发生后系统或单机停止生产运行的时间（如小时）。以上两个因素都直接影响产品输出，降低经济效益。

观测时间应不短于该设备中寿命较长的磨损件的修理（更换）期，一般连续观测记录 2～3 年，可充分发现影响 MTBF 的故障（失效）。记录下观测时间内该设备的全部故障（故障修理）。要全部记录下观测期内发生的全部故障（无论停机时间长短），包括突发故障（事后修复）和将要发生的故障（通过预防维修排除）的有关数据资料、故障部位（内容）、处理方法、发生日期、停机时间、修理的工时、修理人员数等，并保证数据的准确性。

将在观测期内，设备的故障间隔期和维修停机时间按发生时间先后依次排列形成如图 3.4 所示的图形。

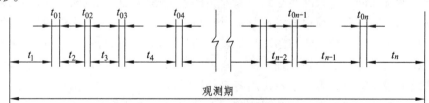

图 3.4 观测期内设备故障间隔期和维修停机时间分布

将各故障间隔时间 t_1，t_2，$\cdots$，t_n 相加，除以故障次数 n 即可得到 MTBF：

$$\mathrm{MTBF} = \sum_{i=1}^{n} t_i / n \tag{3.1}$$

将各次修理的停机时间 t_{01}，t_{02}，$\cdots$，t_{0n} 相加，除以修理次数 n_0 即为平均修理时间：

$$\text{MTBF} = \sum_{i}^{n} t_{0i} / n_0 \qquad\qquad (3.2)$$

如果分析 MTBF 是为了了解故障的发生规律，则应把不管什么原因造成的故障，包括非设备本身原因造成的故障，都统计在内。如果测定 MTBF 的目的是求得可靠性数据，则应在故障统计中剔除那些非正常情况造成的故障，如明显的超设备性能使用、人为的破坏，自然灾害等造成的设备故障。

如果把记录故障的工作一直延续进行下去，当设备进入使用的后期（损耗故障期），将会出现故障密集观象，不但易损件，就连一些基础件也连续发生故障而形成故障流，且故障流的间隔时间也显著缩短。通过多台相同设备的故障记录分析，就可以科学地估计该设备进入损耗故障期的时间，为合理地确定进行预防修理的时间创造条件。

【例 3.1】 某企业有同型号设备 20 台，当使用到 1 000 h 后，有 15 台发生故障，其故障记录如表 3.2 所示，如其可靠度按指数函数分布，求该型号设备的平均故障间隔期。

表 3.2　××型号设备故障记录表

组别	时间区间	区间中值	发生故障设备数
1	0～200	100	3
2	200～400	300	2
3	400～600	500	4
4	600～800	700	3
5	800～1 000	900	3

解　由式（3.1）得

$$\text{MTBF} = \frac{3\times100 + 2\times300 + 4\times500 + 3\times700 + 3\times900 + 5\times1\,000}{15} = 846.6 \text{ (h)}$$

3. FTA 分析（故障树分析）

故障树分析（Fault Tree Analysis，FTA）是 1961 年美国贝尔电话研究所的沃森（H.A.Watson）在研究导弹发射控制系统的安全性评价时提出的，它是一种演绎推理法，这种方法把系统可能发生的某种故障与导致故障发生的各种原因之间的逻辑关系用一种称为故障树的树形图表示，通过对故障树的定性与定量分析，找出故障发生的主要原因，为确定安全对策提供可靠依据，以达到预测与预防故障发生的目的。故障树分析是一种图形演绎方法，是故障事件在一定条件下的逻辑推理方法。它可以围绕某特定的故障作层层深入的分析，因而在清晰的故障树图形下，表达了系统内各事件间的内在联系，并指出单元故障与系统故障之间的逻辑关系，便于找出系统的薄弱环节。它具有很大的灵活性，故障树分析法可以分析由单一构件故障所诱发的系统故障，还可以分析两个以上构件同时发生故障时所导致的系统故障。可以用于分析设备、系统中零部件故障的影响，也可以考虑维修、环境因素、人为操作或决策失误的影响，即不仅可反映系统内部单元与系统的故障关系，也能反映出系统外部因素可能造成的后果。利用故障树模型可以定量计算复杂系统发生故障的概率，为改善和评价系统安全性提供了定量依据。故障树分析的不足之处主要是：FTA 需要花费大量的人力、物力和时间，建立数学模型时，可能会产生较大误差。

　　故障树分析是根据系统可能发生的故障或已经发生的故障所提供的信息，去寻找同故障发生有关的原因，从而采取有效的防范措施，防止故障发生。这种分析方法一般可按下述步骤进行。

　　（1）准备阶段。

　　① 确定所要分析的系统。在分析过程中，合理地处理好所要分析系统与外界环境及其边界条件，确定所要分析系统的范围，明确影响系统安全的主要因素。

　　② 熟悉系统。这是故障树分析的基础和依据。对于已经确定的系统进行深入的调查研究，收集系统的有关资料与数据，包括系统的结构、性能、工艺流程、运行条件、故障类型、维修情况、环境因素等。

　　③ 调查系统发生的故障。收集、调查所分析系统曾经发生过的故障和将来有可能发生的故障，同时还要收集、调查本单位与外单位、国内与国外同类系统曾发生的所有故障。

　　（2）故障树的编制。

　　① 确定故障树的顶事件。确定顶事件是指确定所要分析的对象事件。根据故障调查报告分析其损失大小和故障频率，选择易于发生且后果严重的故障作为故障的顶事件。

　　② 调查与顶事件有关的所有原因事件。从人、机、环境和信息等方面调查与故障树顶事件有关的所有故障原因，确定故障原因并进行影响分析。

　　③ 编制故障树。把故障树顶事件与引起顶事件的原因事件，采用一些规定的符号，按照一定的逻辑关系，绘制反映因果关系的树形图。

　　（3）故障树定性分析。

　　故障树定性分析主要是按故障树结构，求取故障树的最小割集或最小径集，分析基本事件的结构重要度，根据定性分析的结果，确定预防故障的安全保障措施。

　　（4）故障树定量分析。

　　故障树定量分析主要是根据引起故障发生的各基本事件的发生概率，计算故障树顶事件发生的概率；计算各基本事件的概率重要度和关键重要度。根据定量分析的结果以及故障发生以后可能造成的危害，对系统进行分析，以确定故障管理的重点。

　　（5）故障树分析的结果总结与应用。

　　必须及时对故障树分析的结果进行评价、总结，提出改进建议，整理、储存故障树定性和定量分析的全部资料与数据，并注重综合利用各种故障分析的资料，提出预防故障与消除故障的对策。

　　目前已经开发了多种功能的软件包（如美国的 SETS 和德国的 RISA）进行 FTA 的定性与定量分析，有些 FTA 软件已经通用化和商品化。

　　正确建造故障树是故障树分析法的关键，因为故障树的完善与否将直接影响到故障树定性分析和定量计算结果的准确性。绘制故障树的逻辑符号如表 3.3 所示。图 3.5 是以卧式镗床拖板夹紧机构故障为例所建的故障树。

表 3.3　故障树的逻辑符号

符　号	含　义
▢	顶事件或中间事件：待展开分析的事件
◯	基本事件：不能或不需要展开的事件，表示导致故障的基本原因
◇	省略事件：原因不明，没有必要进一步向下分析或其原因不明确的事件

续表 3.3

符 号	含 义
（五边形）	开关事件：在正常条件下，必然发生或必然不发生的事件
（条件事件符号）	条件事件：限制逻辑门开启的事件
（转移符号）	转移符号：表示部分故障树图的转入或转出
（与门）	与门：下端的各输入事件同时出现时，才能导致发生的上端输出事件
（或门）	或门：下端的各事件中只要有一个输入事件发生，即可导致输出事件的发生
（禁门）	禁门：下端有条件事件时，才能导致发生上端事件

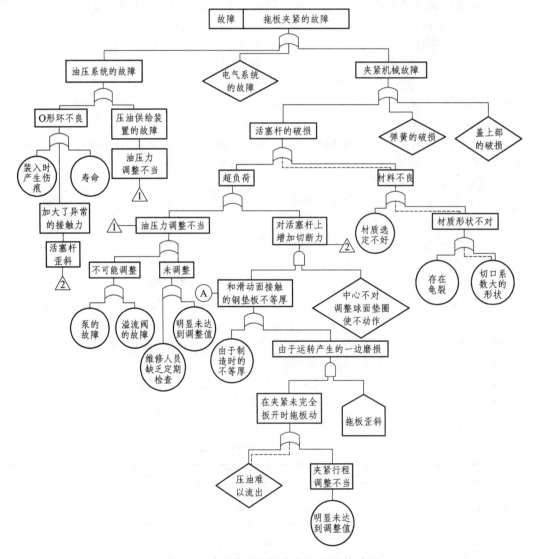

图 3.5　卧式镗床拖板夹紧机构的故障树

1.5   设备故障的处理

故障处理是在故障分析的基础上，根据故障原因和性质提出对策，暂时或较长时间地排除故障，具体的处理方式如表 3.4 所示。

表 3.4   不同故障的处理方式

序号	故障类别	处理方式
1	重复性故障	项目修理、局部改装或改造
2	多发性故障	大修理、更新或报废
3	设计、制造质量不高、先天不足设备	技术改造或局部改装或更换零部件
4	操作失误、维护不良等人为原因造成的故障	加强管理和技术培训工作
5	修理质量不高引起的故障	提高修理质量,加强维修管理和提高修理人员技术素质

2   设备事故管理

2.1   设备事故管理的分类及管理程序

设备事故是指工业企业设备（包括各类生产设备、管道、厂房、建筑物、构筑物、仪器、电讯、动力、运输等设备或设施）因非正常损坏造成停产或效能降低，直接经济损失超过规定限额的行为或事件。需要说明的是，在生产过程中设备的安全保护装置正常动作，安全件损坏使生产中断而未造成其他设备损坏不列为设备事故。

设备事故的管理，就是针对所发生的设备事故及时采取有效措施，防止事故的扩大和次生事故的发生。并从已发生的事故中吸取教训，防止事故重演，达到消灭事故的目的，确保工业生产安全高效。根据造成设备事故的原因，设备事故按其造成的直接经济损失，或事故造成的停产时间可划分为：较小设备事故、一般设备事故、重大设备事故和特大设备事故。设备事故还可划分为：责任事故、质量事故和自然事故。

责任事故：凡属人为原因，如违反操作规程、擅离工作岗位、超负荷运转、加工工艺不合理及维护修理不当等，致使设备损坏或效能降低者，称为责任事故。质量事故：凡因设备设计、制造、安装等原因致使设备损坏或效能降低者，称为质量事故。自然事故：凡因遭受自然灾害，致使设备损坏或效能降低者，称为自然事故。

生产车间是生产设备的直接使用单位，也是设备的直接管理部门。所以，设备事故的管理也应从生产车间开始实施。车间的设备主任、工艺员、设备员、工段长、技术员和班组长等车间管理技术人员在设备事故管理上有着重要的管理责任。我们称其为设备事故的现场管理。当生产车间设备发生事故后，车间岗位操作人员应立即采取相应措施，按操作规程规定停止设备运行，防止事故扩大，并及时向车间设备主管人员报告；现场管理人员应该切断事故设备与生产系统的关联，防止设备系统次生事故的发生。如遇无法控制的易燃、易爆、剧毒等情况时，还应报告安全、保卫、调度部门，以便采取抢险救助措施。在保护好事故现场的同时，车间要在第一时间按规定向厂内动力部门及厂级管理部门报告，待上级部门相关专家到现场察看取证完毕同意后才可清理事故现场。在设备事故后续的调查处理中，生产车间更应积极地配合参与。当有了事故处理技术结论后，车间应立即采取措施，防止再次发生类似事故，并把事故教训广泛宣传，提高安全生产的自觉性。在事故处理完毕后一周内，提交车间设备事故报告。说明事故原因、事故损失、事故停产时间、事故责任分析和对事故责任者的处理等。企业内的专职设备管理部门，一般为设备处或设备科，它是企业设备事故的对口管理部门。该部门内应设专门人员管理全厂的设备事故。这些事故管理人员必须责任心强，能坚持原则，并具有一定的专业知识及管理经验。企业日常事故管理工作包括：

（1）事故的调查、登记、统计和上报。

（2）整理和保管事故档案。

（3）进行月、季、年的设备事故分析，研究事故的规律和防止事故发生的对策，并采取相应的措施。

2.2　设备事故的调查程序

设备事故发生后，事故管理应根据"三不放过"的原则，即事故原因分析不清不放过，事故责任者与群众未受到教育不放过，没有防范措施不放过。进行调查分析，严肃处理，从中吸取经验教训。一般事故由事故单位主管负责人组织有关人员，在设备管理部门参与下按以下程序调查分析事故原因。

1. 第一时间开展事故现场的调查工作

凡发生重大设备事故后应保护好现场，若有伤员则应组织抢救，上级主管部门的有关人员未到场，任何人不得改变现场状况。

设备科接到事故报告后，应立即派人前往事故现场，着手进行调查，不能拖延。因为事故现场是分析事故的客观基础，只有掌握了事故原因的第一手材料，才可避免发生错误判断。这项工作做得越早，可得到的原始数据越多，分析事故的根据就越充足，防范措施就越准确。

2. 充分利用影像、测绘准确固定现场遗迹

重大事故发生后，事故现场存在许多遗迹，应立即对这些遗物、痕迹拍照，若有些情况

难以拍摄，则要绘制相对精确的示意图，供事故分析和建立各项档案之用。

3. 成立专门组织，分析调查

事故发生后，按事故严重程度成立由厂长或车间主任负责，由安全管理科、设备科等有关部门参加的事故调查组。

调查工作首先应请现场操作和其他现场人员如实介绍情况，弄清事故发生前的操作方法、内容等。调查的笔录，至少要由两人负责，要经当事人过目并签名；要由主要当事人写出事故发生的过程，并存入档案。向主要当事人了解情况时要问清操作方法、操作次序、当时的外界条件等情况，同时要本着实事求是的态度，耐心、细致地做好当事人的思想工作，使当事人能反映出真实情况，给分析提供可靠的资料。

4. 模拟实验，科学分析

在调查中除了查阅有关技术档案、运行日志外，为了弄清事故原因，可以进一步做模拟实验分析，以取得所需的数据，若本企业没有条件，则可委托有关单位做实验分析，并要说明情况，以引起高度重视，认真地做好分析化验工作。

5. 讨论分析，得出结论

在以上各项工作的基础上，调查组进行实事求是的科学分析，从而得出结论，向企业领导汇报，并以企业名义向上级机关报告。

在分析讨论过程中，若仍有部分人持异议，则在结论中将这些不同意见详加说明，并存档备查。

6. 建立事故档案

每次事故发生后，经调查处理上报，应将每次事故的原始记录及各种调查材料立卷存档，妥善编号保存。对重大设备事故，更应强调保存一切资料，以备今后查阅。

7. 采取对策，防止事故发生

事故的调查，目的不仅是为了调查事故发生的原因，更重要的是据此制订出防止事故发生的措施，限期实施。主要的预防措施必须严格实施。

 **任务实施**

设备故障信息的收集和分析
任务名称：
＿＿＿＿＿＿＿＿＿＿FTA 案例分析
任务安排：
（1）教师分发 FTA 实例、事故树分析法 PPT 和文档等学材；
（2）教师分发具体的 FTA 案例信息资料；

（3）每组领到案例信息资料后，进行组内分工协调、讨论分析，相互交流补充，完成案例的故障树。

任务要求：

根据案例提供的信息资料，完成_____FTA 案例分析，画出故障树。

实施方式：

（1）根据学材和案例故障信息资料分析各个事件彼此间的逻辑关系；

（2）根据逻辑关系初步画出其 FTA 树，然后进行完善，最终将分析结果以 FTA 树的形式展示在图纸上；

（3）各小组总结实践经验，加深对故障树的认识。

评   价：

（1）分组展示各自的 FTA 树，介绍自己对 FTA 分析方法的认识；

（2）对有疑惑的地方展开讨论；

（3）教师总结，扩展讲解故障树分析的现实应用，提高学生的学习兴趣。

 课后作业

（1）简述设备故障信息有哪些内容。

（2）简述如何获取设备故障信息。

（3）设备常用的故障分析方法有哪些？

（4）请就发动机不能发动故障为例，列出其事件表，画出故障树图。

任务2 设备的大中修管理

 **任务描述**

设备在使用过程中，随着零部件磨损程度的逐渐增大，设备的技术状态将逐渐劣化，以致使设备的功能和精度难以满足产品质量和产量的要求，甚至发生故障。为此必须对设备进行维修，使其达到按计划所需的合理程度。设备何时进行维修，维修到何种程度，也就是维修计划和维修层次的问题，连同维修组织等因素，便形成了维修管理的问题。

设备维修的核心问题就是要根据设备的磨损情况，结合企业的经营目标，对具体设备选择合理的维修策略，安排维修计划并付诸实施。现代维修需要全面考虑具体的维修时间范围、经营目标、消耗情况、维修技术及组织管理等问题。

相关知识

1　维修策略的优化选择

1.1　维修策略

所谓维修策略，就是为实现设备合理维修选择何种维修方式而制订的总体方案的计划与实施。通过选择不同的维修策略，实现维修总体方案中确定的设备有效度目标。同时考虑设备维修技术和经济的可行性。目前国内外大体采用两种不同的维修策略，即事后维修和预防维修，后者又分为定期维修和状态检测维修。

1. 事后维修策略

事后维修的定义前面已经介绍过，需要指出的是：即使采用预防维修策略的设备，在其发生突发性故障时所进行的维修仍然属于事后维修的范畴。

采用事后维修的前提是：维修对象的故障特性不为使用者所了解；维修对象发生故障造成的损失较小，采用预防维修时经济性较差。

事后维修只是在设备发生故障后才进行修理，因而可使其得到充分的利用，所产生的消耗和直接费用远小于预防性维修。但是在设备发生故障的条件下进行维修，往往受到时间、人员、工具等诸多条件的限制，因而将对维修质量产生不利影响，特别是多台设备同时发生故障时，可能延误维修时间，影响生产计划的完成。由于无法预知设备备件的需求量，因而对于事后维修的设备必须保持较大的储备，造成库存增多，相关费用增高。采用事后维修策略的设备无法保证实现某一确定的有效度目标，因而难以与生产计划相协调。

2. 定期维修策略

定期维修的特点是对设备进行周期性的维修，其前提是对设备的故障特点熟悉并了解设备零部件的磨损情况；维修对象在生产中处的地位较为重要，故障损失较为严重。实施定期维修的设备可根据已知的设备故障规律及零部件的磨损状态确定维修的具体实施细则，如维修的间隔周期、维修工作量、维修范围、维修备件、材料等。定期维修的原则是在故障发生前实施维修，其时间间隔在整个设备使用期内应列入计划并按时实施，也可以按逐次计划实施，也就是在一次维修后重新确定下次维修的时间间隔。

定期维修是在故障发生前加以实施的，因而被更换的零部件往往没有得到充分利用，但是与故障停机损失相比是经济的。

3. 状态监测维修策略

状态监测维修是以设备技术状态为基础的预防维修策略，又称为预知维修。它是根据设备的日常点检、定期检、状态监测和诊断提供的信息，经统计分析处理，来判断设备的劣化程度，并在故障发生前有计划地进行适当维修。由于这种维修方式对设备适时地、有针对性地进行维修，不但能保证设备经常处于完好状态，而且能充分延长零件寿命，因此，比定期维修更为合理。在不了解设备故障特性或只能凭经验评估零件磨损状态的条件下，进行预防维修时就要借助状态监测手段加以具体实施。状态监测可以在设备运行时连续进行，也可以定期实施，但是监测次数越多，相关费用越高，做出的判断就越准确。

在企业中三种策略都不可或缺，对于一般设备或故障损失较小的设备可采用基于故障的策略，主要生产设备可采用基于时间、工作量的策略，亦可采用基于状态的策略，对于涉及安全、环保或流程生产的设备则可采用基于状态的策略。

1.2　维修与设备管理其他环节的关系（见表 3.5）

表 3.5　维修与设备管理其他环节的关系

相　互　关　系	对维修工作的影响	经济效果
设备规划与维修	规划时就要考虑维修需求，如零部件的耐磨性，维修时的可达性、易拆卸性等，即较高的可靠性与维修性	较高的设备有效度，较少的检查及修理费用
设备筹措与维修	制造厂商对产品维修方面的建议可减少对维修及备件的需求，提高设备有效度，特别是在运行初期影响更为明显	降低仓储费用（较少的储备资金、仓储空间及保险费用等）
设备配置、安装与维修	设备安装时合理的配置、布局，对装、卸载，设备及通道的全盘考虑可降低故障率，减少某些故障的发生	减少维修次数，降低故障后果费用
设备技术改造与维修	及时地进行技术改造，如对故障多发的薄弱环节的改进可有效地减少维修需求	降低人员、设备、材料、能源等方面的费用
设备退役（报废）与维修	及时的退役可有效减少维修次数及强度	降低维修费用及故障后果费用
设备更新与维修	对于使用强度高的设备，优化其维修策略可推迟其更新（更换）时机，延长其使用寿命	减少设备投资及附加费用（如利息等）

2　维修计划的编制与实施

维修计划的编制是维修管理最重要的环节之一，维修计划也是企业生产经营计划的重要组成部分。以时间划分，维修计划可分为年度、季度、月度和周维修计划；按作业类别划分，可分为大修、中修、项修、小修计划等。

2.1　设备维修类别

修理类别通常有四种：大修、中修、项修和小修。

大修是一种对设备整体进行恢复性定期计划修理的方法。修理时应将设备大部或全部解体，修复基准件，修复或更换磨损的全部零部件，同时检查、修理、调整设备的电气系统，全面消除故障和缺陷，并进行外部喷漆，以恢复设备规定的精度、性能和外观。

中修是对设备进行部分解体，修理或更换主要零部件与基准件，或修理使用期限等于或小于修理间隔期的零件。很多企业用项修代替中修。

项修是根据设备实际技术状态，对状态劣化已满足不了工艺要求的设备精度和性能项目，按实际需要进行针对性的修理。项修时一般要进行部分解体，检查、修复或更换磨损失效的零（部）件，必要时对基准件进行局部修理和校正坐标，从而恢复所修部分的精度和性能，现时进行外观局部补漆。其工作量按实情而定。

小修是按照设备定期维修规定的内容，对工日常点检和定期检查中所发现的问题，拆卸有关的零部件，进行检查、调整、修复或更换失效的零件，以恢复设备的正常功能。

2.2　设备维修计划的编制依据

在计划预修制中，设备的维修是通过计划实现的，计划准确与否，主要取决于编制计划的依据的准确性，这些依据通常包括以下内容：

① 设备的技术状态及运行状况；

② 生产工艺及产品质量对设备的要求；

③ 设备普查的结果；

④ 安全与环境保护的要求；

编制计划时应考虑到各种因素的变化，进行适当调整和补充。

2.3　维修计划的编制

2.3.1　维修计划的分类

一般维修按时间进度的修理计划可细分为年、季、月计划。

（1）年度维修计划：大修、项修、小修、定期维护、技术改造和设备更新安装等检修项目。年度维修计划的编制程序如图3.6所示。

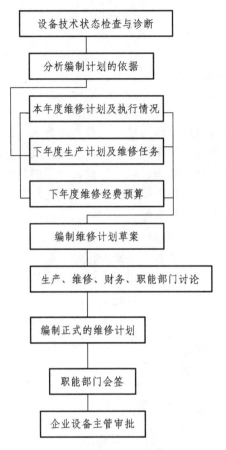

图3.6 年度维修计划的编制程序

（2）季度维修计划：按年度计划分解的大修、项修、小修、定期维护、技术改造和设备更新安装等项目。

（3）月份维修计划：按年度计划分解的大修、项修、技术改造、小修、定期维护及安装；精度调整；根据上月修理遗留的问题及定期检查发现的问题安排在本月的小修项目。

表3.6为某公司机动设备设施大修理计划表。

表3.6 某公司机动设备设施大修理计划表

| 序号 | 设备编号 | 设备名称 | 型号规格 | 布置号 | 复杂系数 | | 设备原值（元） | 计划费用（万元） | 修理进度（月） | 存在问题 | 修理方案 | 备注 |
					机械	动力						

2.3.2　维修前的准备工作

1. 修前技术准备

设备修理计划的安排，维修人员应做好修前技术准备工作。修前技术准备工作主要有：修前预检、修前资料准备及工艺准备。了解修理设备的故障修理记录、定期维护、定期检查和技术状态诊断记录，从而确定修理内容和编制修理技术文件。需要定期维修的设备，应先了解修前技术状态，分析确定修理内容和编制修理技术文件。设备修前技术准备工作是提高设备维修质量、降低修理费用和缩短停机时间的重要保证。

修前预检是对设备进行全面检查，它是修前准备工作的关键。为了全面掌握需修设备技术状态具体劣化情况和修后在设备上加工产品的技术要求，以机电设备管理部门负责机电设备维修的技术人员为主，会同机电设备使用单位维修技术人员共同进行调查和修前预检。主要了解：设备的结构、性能和精度要求及设备修后加工产品的技术要求；查阅过去的维修竣工报告、故障维修记录及近期定期检查记录，了解易磨损零件、频发故障的部位及原因以及近期设备的主要缺陷；设备外观情况，如零部件磨损、外露部件的油漆及缺损情况等；设备运转情况，听运转的声音是否正常，打开盖板等检查看得见的零部件，对有疑问的零部件则必须拆开检查并做好记录，以便解体时检查及装配还原；了解设备性能是否下降，气动、润滑系统工作是否正常和有无泄漏，附件是否齐全和有无损坏，安全防护装置是否灵敏可靠等；设备零部件有问题或损坏的，按照备件图提出备件清单，没有备件图的则测绘成草图。经过了解和检查后，应全面准确地掌握机电设备磨损情况，明确机电设备修后生产产品的精度及其他质量要求，确定更换件和修复件，确定直接用于机电设备维修的材料品种、规格和数量等。对实行定期维修的机电设备，也可按上述内容进行调查，这是因为按磨损规律和维修内容对机电设备进行定期维修，往往会出现部分和实际情况不符的现象。根据预检情况做好修前资料准备工作，准备好更换零部件图样，结构装配图，传动系统图，电器、润滑系统图，外购件和标准件明细表以及其他技术文件等。做好修前工艺准备工作，编制零件制造和设备修理的工艺规程等。

2. 修前生产准备工作

修前生产准备是保证设备修理工作顺利进行的物质基础。其内容包括材料、备件和专用工（检）具的准备和修理作业计划的编制等。准备材料及备件是根据年度修理计划编制的年度材料计划，由材料供应部门采购。维修人员按设备修理材料明细表领用材料及备件。为了有利维修工作顺利进行，材料及备件管理人员应按更换件明细表认真核对库存，不足部分应及时组织采购和安排配件加工。专用工（检）具的准备一般以外购为主。设备停修前，要切断电源及其他动力（水、气）管线，放出润滑油，清理作业现场，办理交接手续。要具体落实停修时间。

2.3.3　编制修理作业计划

修理作业计划是组织修理作业的具体行动计划，是考核修理作业是否按计划完成的依据。

在保证按期完成设备修理任务的前提下缩短停歇时间。通过编制修理作业计划，可以测算出每一作业所需用工人数，作业时间和消耗的备件、材料及能源等，也可以测算出机电设备维修所需的工作定额（各工种工时数、停歇天数及费用）。

1. 编制修理作业计划的主要依据

（1）修理技术文件规定的修理内容、修理工艺、技术规程、修换件品种、质量标准等。

（2）企业设备修理计划规定的维修类别、维修工时、停歇天数、修理费用定额以及修理开工、竣工日期。

（3）修理单位有关工种的能力和技术装备条件。

（4）可能使用的作业场地、起重运输设备及能源等条件。

（5）企业内外可提供的技术协作条件。

2. 编制维修作业计划时应测算的主要内容

（1）设备解体为部件的作业及需要的工种、人数和作业时间。

（2）设备部件解体、检查、修理、装配作业及需要的工种、人数和作业时间。

（3）对分部作业之间相互衔接的作业及需要的工种、人数和作业时间。

（4）需委托外协的修理作业及外协劳务费。

（5）总装配、试车、检查、验收作业及需要的工种、人数和作业时间。

2.3.4　维修计划的实施管理

在维修工作中，以操作工人参与的自主维修在欧洲企业中得到了广泛的应用。汉诺威大学的数据显示：在自动化、半自动化及手工装配部门中，设备清洗工作的76%、59%和66%是由生产工人完成的；三种不同类型的部门中，维护工作由生产工人承担的比例分别为46%、24%和32%。即便是大修、维修计划的制订等专业性较强的工作，生产工人也参与其中的5%和11%。

修理计划的实施管理中应抓好以下几个环节：

1. 交付维修

大修设备移交时应认真交接并填写"设备交修单"，方便设备维修竣工后的验收。小修和项修可以不填写"设备交修单"，但也应做好修前的生产安排，按期将维修设备交付修理。

2. 解体检查

设备管理部门会同维修人员，密切配合，及时检查零部件的磨损、失效情况，特别要注意有没有在修前未发现或未预测到的问题。经检查分析，尽快发出需要的技术文件和图纸、确定的修换件明细表。及时调整作业计划。

3. 临时需要的配件和修复件加工

临时配件和修复件往往会影响维修工作进度，应按修理作业的需要安排临时配件的生产计划和修复件的修复工作。

4. 生产调度

维修班组长必须每日了解各部件修理作业的实际进度，并在作业计划表上画出实际完成程度标志。对发现的问题，凡本班组能解决的应及时采取措施解决。如果发现某项作业进度延迟，可根据网络计划中的时差，调动工人，增加力量。对不能解决的问题，应及时向上一级管理部门汇报。

5. 质量检查

维修工艺和质量标准明确规定以及按常规必须检查的项目，维修工人自检合格后，必须经质量检查人员检查确认合格方可转入下道工序。

6. 竣工验收

设备大修验收主要内容有空运转试车验收、负荷试车验收、工作（几何）精度标准验收和竣工验收。

规定的维修内容并达到规定的质量标准和技术条件后，填写纺织设备大修、项修竣工报告单，各方人员在设备维修竣工报告单上签字验收，并填写验收单位的综合评价意见。设备管理部门存入设备档案。设备项修和小修，由于工作量较小，其竣工验收程序可适当简化。

2.4　维修的考核指标（见表 3.7）

表 3.7　维修的考核指标

维修管理的主导层面	考核指标	各级考核指标的特征	各级考核指标的内涵
总厂与分厂管理层面 技术管理 维修管理 企业管理 质量监管	总厂考核的指标 分厂考核的指标	与国际接轨的指标 目标、指标结构、发展趋势 世界级的维修指标	维修作业效益 设备资产使用效益 维修费用比 维修费用预算计划
计划及控制层面 车间管理层 管理人员	车间考核的指标 管理部门考核的指标 设备维修小组考核的指标	车间及各部门考核的指标 成本、维修的组织等	外包维修费用比
执行层面 维修工长 维修辅助人员 维修人员	考核的对象 设备固定资产 维修零部件、总成 维修工单	数据准确 考核过程的检查	设备有效度 维修作业时间 其他

设备维修中的考核指标（或称指标体系）是维修管理目标的重要组成部分，借助于维修参数及参数系统可对维修管理中某一环节的计划与实际情况进行评估和比较，为管理层在维

修方面的决策提供依据。我国企业现有的、以设备完好率为中心的参数体系已难以全面考核和评估新形势下维修管理中如费用控制、计划程度、劳动组织、物资管理等诸多方面的管理水平和经济效果，因而有必要对现有的参数系统加以完善，使之适应新形势下维修管理工作发展的需要。

2.4.1　维修费用参数

$$维修费用强度 = \frac{企业年度维修费用}{企业年度生产费用} \times 100\%$$

维修费用强度表明单位生产费用中维修费用所占的比值，从费用上反映了企业维修工作的效果，也是考核和评估维修费用控制的参数。维修费用强度可由企业财务部门加以统计并考核。

$$主要生产设备维修费用强度 = \frac{设备年度维修费用}{设备重置价值}$$

$$备件费用强度 = \frac{备件重置价值}{设备的重置价值}$$

从费用上反映了主要生产设备年度维修工作的强度及备件消耗的情况，可用于主要生产设备维修费用和备件费用控制的考核和评估。

此两项参数表明设备单位重置价值所消耗的年度维修费用及备件费用，从费用上反映了主要生产设备年度维修工作的强度及备件消耗的情况，可用于主要生产设备维修费用和备件费用控制的考核和评估。这两项参数可由企业财务部门及设备维修管理部门共同加以统计并考核。

$$维修材料费用比 = \frac{企业年度维修材料费用}{企业维修年度总费用}$$

$$维修工时费用比 = \frac{企业年度维修总工时费用}{企业年度维修总费用}$$

上述两项参数分别反映了单位维修费用中维修材料及维修工时所占的比例，通过不同企业（部门）之间的考核可以分析、判断维修材料及维修工时费用的合理性，据此制订相应的费用控制措施。这两项参数可由企业财务部门及设备维修管理部门共同进行统计并考核。

$$单位产品维修费用 = \frac{年度维修费用}{年产量} \times 100\%$$

$$设备维修费用率 = \frac{企业设备年度维修费用总额}{企业设备资产总价值} \times 100\%$$

上述两项参数分别反映了单位维修费用中维修材料及维修工时所占的比例，通过不同企业（部门）之间的考核可以分析、判断维修材料及维修工时费用的合理性，据此制订相应的费用控制措施。

2.4.2 维修作业成效指标

$$设备故障率 = \frac{设备故障停机时间}{设备有效生产时间} \times 100\%$$

$$设备生产率 = \frac{设备产量}{设备运转时间} \times 100\%$$

$$设备效能系数 = \frac{设备故障停机时间}{故障停机期间消耗(人员、材料及故障处理费用等)} \times 100\%$$

在这三项指标中，设备的有效生产时间是生产有效产品（即合格品）的时间，设备运转时间则是包括空转及生产全部产品（包括废品）在内的时间。第一项指标中，通过设备故障停机时间在有效生产时间中的比值可以更加直观地反映设备故障停机对生产的影响；设备生产率则反映了设备在运转过程中的性能效率；设备效能系数通过故障停机时间与停机期间的各项消耗之比评估设备故障所产生的影响（直接和间接的经济损失等）。对这三项指标的考核和评估可以通过设备故障所造成的损失（生产时间、产量及各项消耗）反映维修作业对企业的影响及成效。三项指标可以作为企业内部的维修管理考核指标。

3 维修技术管理

设备维修技术管理工作有以下主要内容：

① 设备维修用技术资料管理。

② 编制设备维修用技术文件。主要包括：维修技术任务书、修换件明细表、材料明细表、修理工艺规程及维修质量标准等。

③ 制定磨损零件修、换标准。

④ 在设备维修中，推广有关新技术、新材料、新工艺，提高维修技术水平。

⑤ 设备维修用量、检具的管理等。

3.1 技术资料管理

技术资料管理的主要工作内容是：收集、编制、积累各种维修技术资料；及时向企业工艺部门及设备使用部门提供有关设备使用维修的技术资料；建立资料管理组织及制度并认真执行。

3.1.1 设备维修用主要技术资料

设备维修用主要技术资料如设备图册、动力管网图、设备维修工艺、备件制造工艺、维修质量标准等均应有底图和蓝图，各种资料在资料室装订成册，可供借阅。

3.1.2 技术资料的收集和编制

1. 资料来源

企业的维修技术资料主要来源于以下几方面：

① 购置设备（特别是进口设备）时，除制造厂按常规随机提供的技术资料外，可要求制造厂供应其他必要的技术资料，并列入合同条款。

② 在使用过程中，按需要向制造厂、其他企业、科技书店和专业学术团体等购买。

③ 企业结合预防维修和故障检修，自行测绘和编制。

2. 收集编制资料时的注意事项

（1）技术资料应分类编号，编号方法宜考虑适合于计算机辅助管理。

（2）新购设备的随机技术资料应及时复制，进口设备的技术资料应及时翻译和复制。

（3）从本企业的情况出发，制定各种维修技术文件的典型格式、内容和典型图纸的技术条件，既有利于技术文件和图纸的统一性，又节约人力。

（4）严格执行图纸、技术文件设计、编制、审查、批准及修改程序。

（5）重视外国技术标准与中国技术标准的对照和转化，以及中国新旧技术标准的对照和转化。

（6）对设备维修工艺、备件制造工艺、维修质量标准等技术文件，经过生产验证和吸收先进技术，应定期复查，不断改进。

（7）设备图册是设备维修工作的重要基础技术资料。编制、积累设备图册时应注意以下几点：

① 尽可能地利用维修设备的机会，校对已有的图纸和测绘新图纸。

② 拥有量较多的同型号设备，由于出厂年份不同或制造厂不同，其设计结构可能有局部改进。因此，对早期已编制的图册应与近期购入的设备（包括不同制造厂出品的设备）进行必要的核实，并在维修中逐步使同型号设备的备件通用化。

③ 注意发现同一制造厂系列产品的零部件的通用化。

④ 建立液压元件、密封件、滚动轴承、皮带、链条、电气电子元件等外购件的统计表，将各种设备所用的上述外购件，按功能、型号规格分别统计，并注意随设备增减在统计表上增补或删除以利于在设备维修中通过改换逐步扩大通用化和进口设备外购件的国产化。

⑤ 设备改装经生产验证合格后，应及时将改装后的图纸按设计修改工作程序纳入图册。包括机械传动系统图、液压系统图、电气系统图、基础布置图、润滑图表、安装、使用、维修安装、操作、使用、维修的说明、滚动轴承位置图、易损件明细表、指导设备安装、使用及维修手册。

设备图册包括以下内容：

• 外观示意图及基础图、机械传动系统图、液压系统图、电气系统图及线路图、组件、部件装配图、备件图、滚动轴承，液压元件，电气、电子元件，皮带、链条等外购件明细表，供维修人员分析排除故障,制定维修方案,购买、制造备件。

• 各动力站设备布置图、厂区车间动力管线网图、变配电所、空气压缩机站、锅炉房等各动力站房设备布置图、厂区车间供电系统图、厂区电缆走向及坐标图、厂区、车间蒸汽、压缩空气、上下水管网图等供检查,维修。

• 备件制造工艺规程、工艺程序及所用设备专用工、卡具图纸,指导备件制造作业。

• 设备维修工艺规程、拆卸程序及注意事项、零部件的检查维修工艺及技术要求、主要部件装配和总装配工艺及技术要求、需用的设备、工检具及工艺装备、指导维修工人进行维修作业。

• 专用工、检具图、设备维修用各种专用工、检、研具及装备的制造图、供制造及定期检修。

• 维修质量标准。各类设备磨损零件修换标准、各类设备维修装配通用技术条件、各类设备空运转及负荷试车标准、各类设备几何精度及工作精度检验标准、设备维修质量检查、和验收的依据。

• 动能、起重设备和压力容器试验规程、目的和技术要求试验程序、方法及需用量具及仪器安全防护措施、鉴定设备的性能、出力和安全规程是否符合国家有关规定。

• 其他参考技术资料。有关国际标准及外国标准,有关国家技术标准,工厂标准,国内外设备维修先进技术经验,新技术、新工艺、新材料等有关资料,各种技术手册,各种设备管理与维修期刊等供维修技术工作参考。

3.1.3　资料室及其管理制度

1. 资料室

企业的设备维修技术资料室由设备管理科(处)领导,业务上接受企业技术档案管理部门的指导,也可由企业技术档案管理部门直接领导。资料室应设保管室和阅览室。资料室负责技术资料的保管、借阅与复印服务,应按业务量配备专职或兼职的、具有工程图基本知识和熟悉技术档案管理业务的资料员。资料室应具备防火和良好的通风条件,方便、适用的资料架柜及阅览设施。重要技术资料采用缩微法保管。

2. 管理制度

① 严格执行资料入、出库及借阅手续。资料入库或修改时,必须填写技术资料入库单或修改通知单,经有关技术负责人签字,并经资料员清点无误,以保证资料的完整性和正确性。

② 按有关人员的申请,及时提供复制的资料以满足维修工作需要。

③ 重要的独本技术资料一般不外借,只允许在资料室阅览。

④ 长期不归还的借出资料,应索回;如有丢失和损坏,应适当罚款。

⑤ 对长期使用已破损或模糊不清的资料,经主管领导批准及时换新。

⑥ 对已无使用价值的技术资料,须经有关人员鉴定并填写报废鉴定书,报主管领导批准后报废。

⑦ 建立资料账、卡,并定期(至少每年一次)清点,做到账、卡、物一致。发现丢失应及时报主管领导处理。

⑧ 更换资料管理人员时，必须全面清点资料，并办理交接手续。

⑨ 做好防火、防潮、防虫蛀等工作。

3.2 维修技术文件

设备维修技术文件的用途是：① 修前准备备件、材料的依据；② 制定维修工时和费用定额的依据；③ 编制维修作业计划的依据；④ 指导维修作业；⑤ 检查和验收维修质量的标准。由本企业大修设备时，常用的维修技术文件是：维修技术任务书（包括修前技术状况、主要修理内容、修换件明细表、材料明细表、维修质量标准）和维修工艺规程。设备项修的技术文件可适当简化。

维修技术文件的正确性和先进性是企业设备维修技术水平的标志之一。正确性是指能全面准确反映设备修前的技术状况，针对存在的缺陷，制定切实有效的维修方案。先进性是指所用的维修工艺，不但先进适用，而且经济效益好（停修时间短、维修费用低）。企业既要组织编制好维修技术文件，更要组织认真执行。设备维修解体后，如发现实际磨损情况与预测的有出入，应对维修技术文件作必要的修正。

3.2.1 维修技术任务书

维修技术任务书由主修技术人员负责编制，其编制程序如下：

① 编制前，应详细调查了解设备修前的技术状况、存在的主要缺陷及产品工艺对设备的要求。

② 针对设备的磨损情况，分析制定主要维修内容，应修换的主要零、部件及维修的质量标准。维修技术任务书的机械部分和电气部分可分别编写，但应注意协调一致。

③ 对原设备的改进、改装要求。

④ 把维修技术任务书草案送设备使用单位机械动力师征求意见并会签，然后送主任工程师审查，最后送主管技术领导审定批准。

维修技术任务书的一般内容及注意事项如下。

1. 设备修前技术状况

① 工作精度，着重反映工作精度下降情况。

② 几何精度，着重反映影响工作精度的主要精度检验项目的实际下降情况。

③ 主要性能，着重说明金切机床的切削能力和运动速度、锻锤的打击能力、压力机的工作压力、起重机的起重能力、动力设备的出力等下降情况。

④ 主要零部件的磨损情况，着重说明基准件、关键件、高精度零件的磨损及损坏情况。

⑤ 电气装置及线路的主要缺损情况。

⑥ 液压、气压、滑润系统的缺损情况。

⑦ 安全防护装置的缺损情况。

⑧ 其他需要说明的缺损情况，如附件丢失、损坏、设备外观掉漆等。

2. 主要维修内容

① 说明要解体的部件，清洗并检查零件的磨损和失修情况，确定需要修换的零件和管线。

② 扼要说明基准件、关键件的维修方法及技术要求。

③ 说明必须仔细检查、调整的机构，如精密传动部件、直流驱动系统、数控系统等。

④ 治理水、油和气的泄漏。

⑤ 检查、维修和调整安全防护装置。

⑥ 修复外观的要求。

⑦ 结合维修需进行改善性维修的内容及图号。

⑧ 其他需进行维修的内容。

上面介绍的内容具有一定的普遍性，但是设备解体检查后所确定的维修内容，一般不可能与维修技术任务书规定的内容完全相同。在实际工作中应按设备的具体技术状况和质量要求作必要增减。

设备维修竣工后，应由主修技术人员将变更情况做出记录，附于维修技术任务书后，随同维修竣工验收单归档。

3. 修换件明细表

修换件明细表是预测维修时需要更换和修复的零（组）件明细表。它是修前准备备件的依据，应力求准确。既要不遗漏主要件，以免因临时准备而影响维修工作的顺利进行，又要防止准备的备件过多，维修时用不上而造成备件积压。

（1）编制时应遵循以下原则。

① 下列零件应列入修换件明细表：

a. 需要铸、锻和焊接件毛坯的更换件；

b. 制造周期长、精度高的更换件；

c. 需外购的大型、高精度滚动轴承、滚珠丝杠副、液压元件、气动元件、密封件、链条和片式离合器的摩擦片等；

d. 制造周期虽不长，但需用量较多的零件（如 100 件以上）；

e. 采用修复技术在施工时修复的主要零件。

② 下列零件可不列入修换件明细表：

a. 已列入本企业易损件、常备件目录的备件；

b. 用原材料或通用铸铁（铜）棒（套）毛坯加工、工序少、维修施工时可临时制造而不影响工期的零件；

③ 需要以毛坯或半成品形式准备的零件，应在修换件明细表中注明；

④ 需要成对（组）准备的零件，应在修换件明细表备注中注明；

⑤ 对流水线上的设备或重点、关键设备，采用"部件维修法"可明显缩短停歇天数并获得良好经济效益时，应考虑按部件准备。

4. 材料明细表

材料明细表是设备修前准备材料的依据。直接用于设备维修的材料列入材料明细表，制造备件及临时件用材料以及辅助材料（如擦拭材料，研磨材料）则不列入该表。

设备维修常用材料品种如下：

① 各种钢材，如圆钢、钢板、钢管、槽钢、工字钢和钢轨等。

② 有色金属材料，如铜管、铜板、铝合金管、铝合金板和轴承合金等。

③ 焊接材料，如焊条、焊丝等。

④ 电气材料，如电气元件、电线电缆和绝缘材料等。

⑤ 橡胶、塑料及石棉制品，如橡胶皮带、运输机用胶带、镶装导轨用塑料板、制动盘用石棉衬板、胶管和塑料管等。

⑥ 维修用黏接、黏补剂。

⑦ 润滑油、脂。

⑧ 油漆。

⑨ 管道用保温材料。

⑩ 砌炉用各种砌筑材料及保温材料等。

为了便于领料，可按机械、电气、管道、砌炉等分别填写材料明细表。

材料明细表的准确性也可用"命中率"衡量，具体方法可参照修换件明细表"命中率"的计算公式。

5. 维修质量标准

通常所说的维修质量标准是衡量设备整体技术状态的标准，它包括以下三方面内容：设备零部件装配、总装配、运转试验、外观和安全环境保护等的质量标准；设备的性能标准；设备的几何精度和工作精度标准。

对上述第一方面的内容，通常在企业制定的"分类设备维修通用技术条件"中加以规定。当维修某型号设备时，如分类设备维修通用技术条件中的某些条款不适用，可在维修技术任务书中说明并另作规定。

设备维修后的性能标准一般均按设备说明书的规定。如按产品工艺要求，设备的某项性能不需使用，可在维修技术任务书中说明修后免检；如需要提高某项性能时，除采取必要维修技术措施外，在维修技术任务书中也应加以说明。

设备的几何精度和工作精度应充分满足修后产品工艺要求。如出厂精度标准不能满足要求，先查阅同类设备新国家标准、分析判断能否满足产品工艺要求，如个别精度项目仍不能满足要求，应加以修改。修改后的精度标准可称为某设备大修精度标准。

（1）设备大维修通用技术条件的内容。

① 机械装备的质量要求。

② 液压、气动、润滑系统的质量要求。

③ 电气系统的质量要求。

④ 外观、油漆的质量要求。

⑤ 安全防护装置的质量要求。

⑥ 空运转试验的程序、方法及检验内容。

⑦ 负荷试验及精度检验应遵循的技术规定。

（2）设备大维修精度标准的制定。

经分析确定，设备按出厂精度标准修后不能满足产品加工精度要求，但有可能通过大修达到精度要求，在这样的条件下，经分析制定设备大修精度标准。

① 制定某一设备大维修精度标准时，应遵循以下原则：

a. 大修后的工作精度应满足产品精度要求，并有足够的精度裕量。一般精度裕量应不小于产品精度允差的 1/4～1/3。对于批量生产用设备，其工序能力指数应 ≥1.33。预留精度裕量的目的是补偿设备动态精度与静态精度的差异，并可保证在较长时期内产品精度稳定合格。

b. 以出厂精度标准为基础，对标准中不能满足产品精度的主要几何精度项目，通过采取提高精度维修法或局部改装等技术措施；可以达到产品精度的，对出厂精度标准加以修改，提高有关主要几何精度项目的允差。

c. 对个别精度要求高的产品，必须对设备的主要部件进行较复杂的技术改造，才能满足该产品精度要求的，应与产品工艺部门协商，或修改加工工艺（如增加精加工工序），或列入设备技术改造计划，以达到在技术上和经济上更加合理。

d. 与产品工艺不需用的设备功能有关的精度项目，设备修后可以免检。但在维修设备的大件时，对大件与不需用功能部件有关的部位应照常修好。这样在大修后，一旦需用该功能，在修复后可以少影响甚至不影响生产。

② 一般可按下述步骤制定设备大修精度标准。

a. 仔细调查需大修设备的具体磨损情况和全面测出几何精度误差，并调查该设备加工产品精度误差。分析产品的哪些精度项目误差过大是由于设备的有关精度项目误差过大形成的。

b. 向有关部门收集当前及今后一定时期内在计划需大修设备上加工的产品图纸、工艺文件及生产批量。

c. 对计划加工产品分类型统计分析，选出几种有代表性的产品，明确其精度要求，作为制定需大修设备精度标准的依据。并选择一两种代表性产品作为设备修后工作精度检验的试件。

d. 以产品的精度要求为依据，应用几何精度对工作精度的复映系数，对出厂精度标准进行分析，弄清哪些主要精度项目应提高精度并确定其允差，哪些精度项目可以免检，从而拟出设备大修精度标准草案。在分析时应注意各项几何精度项目的相关性，避免对个别项目提高精度后与有关项目发生矛盾。

e. 分析研究采取什么技术措施可以提高精度。必要时拟出几个方案，分析各方案的优缺点，最后选出技术上和经济上最合理的方案。

f. 测算大修费用，应不超过设备大修的合理经济界限。然后正式提出设备大修精度标准，并附技术经济论证书，报主管领导审定批准。

4 维修费用管理

设备维修费用是产品成本的重要组成部分，加强维修费用的管理对提高企业的经济效益有着十分重要的意义。

我国企业的设备维修费用通常由大修理费用和日常维修费用组成。

4.1 大修理费用的管理

长期以来，我国一直沿用提取大修理基金的策略支付设备大修理费用。由于大修理费用数额较大且一般数年才进行一次，如一次性计入大修当月的生产费用之中将引起产品成本的较大波动。为使产品成本中分摊的大修理费用均衡稳定，并保证大修理资金有可靠来源，一般采用预提的策略提存大修理基金，即依据设备原值的一定比例按月从产品成本中均衡地提取，以便大修时集中使用。

大修理基金是根据大修理基本提存率计算而提取的。首先预计在设备的使用年限内需支出的大修理费用总额，据以计算出每月或每年应从产品成本中提取的大修理费用，再将其与设备原值进行对比，即可求出年度或月份的大修理基金提存率。计算公式为

$$大修理基金年提存率 = \frac{预计使用期限内大修理费用总额}{预计使用年限 \times 设备原始价值}$$

提取大修理基金的方法源于前苏联，目前世界各国已很少采用这种方法。在实际操作中，大修基金制也暴露出许多弊端。首先是所规定的大修理提存率偏低，一般年提存率仅为设备原值的 2.5% ~ 5%，在生产资料价格不断上涨的情况下，按这一固定比率提取的资金远远不能满足大修理的实际需要。在实际执行过程中，许多企业已把大修费用作为日常维修费用（通过车间经费）摊入生产成本；另一方面，大修理基金在一些企业中又常常被挤占挪用，已失去了专项基金的意义。

1993 年实施的《工业企业财务制度》取消了提取大修基金的做法，规定企业可采用分期摊销或预提的方法核算大修理资金。根据新的规定，企业可以根据设备的实际状态和生产需要合理安排大修，大修理的费用直接计入成本费用，不受物价波动、设备原值及提存比率的影响，同时，大修理的费用直接计入生产成本，也可杜绝资金挪用的问题。对某些价值高昂的大型设备，由于所需大修理的费用较高，直接计入成本将影响成本的均衡，所以新的制度仍允许企业对这类设备采用待摊或预提的策略加以平衡。

需要指出的是，取消大修理基金并不意味着取消大修理这种策略，大修理仍是企业维持简单再生产的一种重要手段。对大修理费用的管理应注意以下几方面的问题：

① 加强对大修理费用的监督考核，实行大修理费用的单台核算。

② 编制大修理计划时应提出详细的费用计划，对重要设备的大修理应进行充分的技术经济论证，确保大修理在技术上可行，经济上合理。

③ 大修理应结合技术改造同时进行，以提高设备的技术水平。

4.2　日常维修费用的管理

日常维修费用是指除大修理以外的用于设备维护、保养、小修、项修、检查等作业的费用。由于这些费用额小，一般由设备所属车间的"车间经费"列支，列入当月的车间生产成本。日常维修费用虽然较低，但由于进行的次数多，因而费用总额并不低，一些流程工业设备的日常维修费用总额接近于大修理费用总额，加强对这部分费用的管理同样具有十分重要的作用。

1. 日常维修费用的构成

（1）材料备件费：包括设备维修用的原材料、辅助材料、润滑油（脂）、自制配件及领用备件的费用。

（2）劳务费：委托其他车间或部门为维修设备所支出的费用。本部门维修人员的工资计入车间经费中的辅助工人工资，因而，车间维修费用中不含工资。

2. 日常维修费用的确定

日常维修费用定额通常可按以下方法确定：

（1）按工业产值确定。

企业可以根据"万元产值维修费用"对维修费用加以确定。

（2）按计划开动台时确定。

根据设备的计划开动台时确定日常维修费用，即以设备前一周期内单位开动台时的日常维修费用计算值与计划周期内设备计划开动台时的乘积表示：

$$C_m^{t+1} = \sum_{i=1}^{n} \frac{C_{mi}^t}{T_i^t} \times T_i^{t+1}$$

式中　　C_m^{t+1} ——计划周期 $t+1$ 内设备的日常维修费用；

C_{mi}^t ——周期 t 内设备 i 的日常维修费用；

T_i^t ——设备 i 在周期 t 内的开动台时；

T_i^{t+1} ——设备 i 在周期 $t+1$ 内的开动台时；

n ——设备总台数。

按计划开动台时确定日常维修费用是较好的一种方法，因为它反映了影响设备磨损的因素 ——设备的运行时间，因而据此确定的日常维修费用是较为科学合理的。

3. 降低日常维修费用的途径

（1）劳动力的优化配置。

劳动力优化配置的目的是提高维修工作效率，缩短维修时间，减少劳动力的闲置。例如，维修人员如配属各生产车间，实行分散化管理就较之集中化管理要节省许多准备时间，又如，维修工人与操作工人的合理分工，让操作工人承担部分简单的维护、保养工作等。

对劳动力的配置应制订优化的计划、管理和控制系统并认真加以实施。据国外的资料，劳动力的优化配置一般可节省10%左右的费用。

（2）备件库存的优化。

减少备件库存也是节省日常维修费用的重要因素。一般来说，库存与消耗的关系很难精确地加以阐明。出于安全的考虑，人们总是愿意多一些库存，而合理的库存不仅可以减少流动资金的占用，还可降低仓储费用。为此，应注意采集备件库存的数据；在此基础上，合理地安排备件库存以减少不必要的备件购置及闲置。根据发达国家的统计数据，库存的优化一般可节省2%左右的费用。

（3）设备自修和外委维修的选择。

在不同的条件下，自修和外委维修将对维修费用产生不同的影响。就快速、简捷及可靠方面而言，自修具有一定的优势，但是在某些方面，对设备进行外委维修也是合理且可行的。首先，外委维修具有专业优势和良好的后勤辅助系统，因而维修工时要少于自修；其次，本部门的自修能力不足时，外委维修将使自修能力得以均衡的利用并导致费用结构的变化；此外，由于维修时间、质量的差异，将对车间生产计划及设备的后续维修产生影响。但是，自修和外委维修的选择并没有一个确定的标准，应视车间自身的条件而定，如技术上可行、经济上合理、时间上允许（对生产计划不造成大的影响），可以考虑对设备实施外委维修。在进行外委维修时，应对其费用结构进行检查、分析，以确保合理性；在进行选择时应扩大选择范围，保留选择的余地以降低费用。随着外委协作的加强，双方的联系将更为密切，在信任和巩固的协作基础上，费用也将随之发生变化，外委与自修的差异也将缩小。综上所述，对外委与自修的选择必须预先计划，详尽分析，随时收集相关数据、信息，以便在变化的需求上做出正确的选择。根据发达国家的统计，处理好自修与外委协作的关系可使维修费用降低5%左右（视维修市场行情而定）。

 **任务实施**

任务准备：

设备维修案例实践教学 ——汽车发动机小修理维修。

（1）发动机小修的过程。

（2）发动机小修要使用的工具、要更换的零部件。

（3）发动机小修中具体内容分解项目，比如，气缸筒、气缸盖、燃烧室、气缸平面有无变形，气缸圆柱度是否超差，活塞顶部是否有破损等。

（4）具体的操作过程和注意事项。

认真学习实践老师演示的汽车发动机小修理维修过程，观看相关录像视频，查阅相关学材资料完成以下任务：

撰写一份汽车发动机小修理维修任务书。

① 要求根据分发的相关设备管理维修任务的内容和格式来认真总结和编写。

② 简明扼要，内容完整规范。

③ 计划任务具有可操作性和指导性。

④ 参照学材《维修任务书》规定的内容进行归纳总结，做出相关图表。

备注说明：根据班级的专业特点、学生的兴趣和就业去向，可以对汽车发动机小修理维修任务书的维修对象做适当的修改。拟修改为：纺织机的自动络筒机细纱机，OTIS6 层载人电梯。

 课后作业

（1）论述设备大修周期确定的主要因素。

（2）根据检修的性质，对设备检修的部位、修理内容及工作量的大小，把设备检修分为不同种类，以实行不同的组织管理。计划检修一般分为设备的小修、中修、大修和（　　）4 种。

A. 日常维护　　　　　　　　　　B. 系统停车大检修

C. 特大维修　　　　　　　　　　D. 全厂检修

（3）计划检修的原则是（　　）。

A. 定期检修　　　　　　　　　　B. 按计划进行

C. 预防为主　　　　　　　　　　D. 保持设备处于良好状态

任务3　设备的备件管理

 任务描述

备件管理是及时有效地保障设备维修的重要的物质条件。如果备件储备过多，会造成积压，增加库房占用面积，增加保管费用，占用企业流动资金，增加产品成本；储备过少，就会影响设备备件的及时供应，妨碍设备维修进度，延长设备维修停歇时间，使企业的生产活动和经济利益遭受损失。因此要做到合理备件储备，是备件管理工作要研究的重要课题。

 **相关知识**

1　备件管理基础

机电设备备件管理是维修工作的重要组成部分，科学合理地储备备件，及时为机电设备维修提供优质备件，是机电设备维修必不可少的物质基础，是缩短机电设备停修时间、提高维修质量、保证修理周期、完成修理计划、保证企业生产的重要措施。

1.1　机电设备备件及备件管理

在设备维修工作中，为了恢复机电设备的功能和精度，需要用新制的或修复好的零部件来更换磨损的旧件，通常把这种新制的或修复好的零部件称为配件。为缩短修理的停歇时间，根据机电设备的磨损规律和零件使用寿命，将机电设备中容易磨损的各种零部件，事先加工、采购和储备好。这些事前按一定数量在仓库内预先储备的零部件，称为备件。

机电设备备件管理是指备件的计划、生产、采购、供应、保管、领用的组织与管理。科学合理地储备与供应备件，才能使机电设备的维修任务得以圆满完成。备件储备过多，会造成积压，影响企业流动资金周转，增加产品成本；储备过少，就会影响备件的及时供应，妨碍机电设备的修理进度，使生产停顿，影响企业的经济效益。因此，做到合理储备是备件管理工作的核心任务。

1.2　机电设备备件的分类

1. 按零件类别分

（1）机械零件：指机电设备的专用机械构件。一般由机电设备制造厂加工生产，如曲轴、连杆、齿轮、丝杠等。

（2）配套零件：指标准化零件和通用部件。由各专业生产厂家生产的零件，如滚动轴承、液压元件、电器元件等。

2. 按零件来源分

（1）自制备件：机电企业有能力自己设计、测绘、制造的零件。

（2）外购备件：由于企业自制能力有限和出于经济性的考虑，机电企业对外订货采购的部件，一般配套零件均系外购备件。

3. 按零件使用性质分

（1）常备件：指经常使用、易损坏、消耗量大的零件。常备件要保持一定的储备量，保证设备损坏时常备件能及时供应，避免设备停工造成的损失。

为防止关键设备的某些零件损坏，需要储备部件，又称保险储备件。

（2）非常备件：使用频率低、停工损失小和单价昂贵的零件。非常备件可根据修理计划，预先购入作短期储备，或修理前随时购入和生产制造。

4. 按备件精度和制造复杂程度分

（1）关键件：一般指精度高、加工难、价格贵、采购困难以及损坏时造成较大影响的部件。

（2）一般件：关键件以外的其他机械备件。

1.3　机电设备备件与其他物资的区别

1. 备件与低值易耗品

低值易耗品不属于备件范围，一般存放在车间材料库，按实际需要领用。如经常使用的各种标准螺钉、螺母、油杯、油嘴、纸垫、毛毡、保险丝、灯泡等。

2. 备件与材料

一些储备材料也不属于备件范围。为缩短零件的加工时间，有时要储备一定的钢材、铜棒等，这些都属于材料，一般不占用备件储备资金。

1.4　设备备件管理的目标和任务

1. 机电设备备件管理的目标

机电设备备件管理的目标是用最少的备件资金和科学、合理、经济的库存储备，保证机电设备维修的需要，减少机电设备停修时间，提高机电设备的使用可靠性，要求做到以下几点：

（1）把机电设备计划修理的停歇时间和修理费用减少到最低。

（2）把机电设备突发故障所造成的生产停工损失减少到最低。

（3）把备件储备压缩到合理供应的最低水平。

（4）把备件的采购、制造和保管费用压缩到最低水平。

（5）备件管理方法先进，信息准确，反馈及时。满足机电设备维修需要，经济效果明显。

2. 机电设备备件管理的主要任务

（1）建立健全相应的备件管理机构、管理人员、管理制度。

（2）认真做好备件的保管工作。建立相应的备件保管设施，科学合理地确定备件的储备品种、储备形式和储备定额。

（3）认真做好备件的供应工作。及时向维修人员提供合格的备件，做好关键机电设备备件供应工作，确保维修备件对关键机电设备的供应，尽量减少停机损失。

（4）充分了解备件使用情况。备件管理和维修人员要收集备件使用的质量、经济信息，并及时反馈给备件技术人员，以便改进和提高备件的使用性能。

　　备件采购人员要随时了解备件市场的货源供应情况、供货质量，并及时反馈给备件计划员并及时修订备件外购计划。信息收集和反馈工作缺一不可。

　　（5）尽可能减少备件的资金占用量，提高备件资金的周转率，降低备件管理的成本。影响备件管理成本的因素有备件资金占用率和周转率、库房占用面积、管理人员数量、备件质量和价格、备件库存损失等。所以备件管理人员应努力做好备件的计划、生产、采购、供应、保管等工作，用较少的备件储备资金做好备件的供应。

1.5　备件管理的内容

　　备件的种类很多，其生产、供应差别大。备件管理工作是以技术管理为基础，以经济效益为目标的管理。备件管理的主要内容如下：

1. 备件的技术经济管理

　　备件的技术经济管理主要是技术基础资料的收集与技术定额的制订工作、备件的经济核算与统计分析工作。具体包括备件图纸的收集、测绘、整理、复制、核对和备件图册的编制，各类备件统计卡片和储备定额等基础资料的设计、编制及备件卡的编制等工作；备件库存资金的核定、出入库账目的管理、备件成本的审定、备件消耗统计和备件各项经济指标的统计分析等。

2. 备件的计划管理

　　备件的计划管理指备件由提出自制计划或外协、外购计划到备件入库这一阶段的工作。可分为：年、季、月自制备件计划；外购备件年度及分批计划；部分材料的需要量申请计划、制造计划；备件零星采购计划和加工计划；备件的修复计划。

3. 备件的库房管理

　　备件的库房管理指从备件入库到发出这一阶段的库存控制和管理工作。具体包括：备件入库时的质量检查、清洗、涂油防锈、包装、登记上卡、上架存放；备件收、发及库房的清洁与安全；订货点与库存量的控制，备件的消耗量、资金占用额、资金周转率的统计分析和控制；备件质量信息的搜集等；还包括备件库存的控制，最大、最小储备量的确定等。

2　备件的技术经济管理

　　备件技术管理工作要编制、积累备件管理的基础资料。通过这些资料的积累、补充和完善，来了解掌握备件的需求，预测备件的消耗量，确定比较合理的备件储备定额及储备形式，为备件的生产、采购、库存提供科学合理的依据。要想做好备件技术管理，应了解备件的储备原则、储备形式、储备定额等内容。

2.1　备件的储备原则

备件的储备原则是从企业实际出发，满足机电设备维修需要，保证机电设备正常运转，尽量减少库存资金。

1. 备件储备的范围

（1）机电设备的全部易损零件，如自身较薄弱的零件、受摩擦而损耗较大的零件。

（2）各种配套件，如皮带、链条、皮碗油封、液压元件和电气元件等。

（3）生产周期长的大型、复杂的零件。

（4）需外厂协作制造的零件和需外购的标准件。

（5）关键机电设备的重要配件（应储备更充分的易损件）。

（6）同类型设备多的零件。

（7）保持机电设备主要精度的重要运动零件。

2. 备件储备品种和储备数量影响因素

确定备件储备品种和数量时，除考虑上述备件储备原则外，还应结合本企业的实际生产情况，考虑当地维修备件市场供应情况，即使同一机型的机电设备在不同企业中的备件储备品种和储备数量也不相同，应考虑以下几方面因素。

（1）产品种类及设备的加工性质会影响零件的使用寿命。

（2）设备的新旧程度。新设备可减少备件的储备量，老设备则增加备件的储备量。

（3）使用条件、维护条件、修理技术水平及地区供应情况。从经济角度出发，机修加工能力强的企业应尽量减少储备品种和数量；同时，要充分利用地区的有利供应条件和协作能力，能外购到的不自制，能及时外购的不储备或少储备。

（4）零件的通用化程度。能通用或互相借用的零件应统一考虑，以减少备件的储备品种。

（5）同时投产机电设备的数量。同时投产的设备使用到一定年限时，某些零件将同时达到磨损极限的情况，在此之前应适当增加备件的储备品种和储备量。

2.2　备件的储备形式

1. 按备件的作用分类

按备件的作用分类，可分为经常储备、保险储备和特准储备三种形式。

经常储备（周转储备）是为保证企业设备日常维修而设的备件储备，是为满足前后两批备件进厂间隔期内的维修需要。保险储备（安全裕量）是为了在备件供应过程中，防止因意外事故致使企业的经常储备中断而影响生产。特准储备是指在某一计划期内超过正常维修需要的某些特殊、专用备件以及试验项目需用的备件。

2. 按备件的储备形态分类

根据备件的性质，按储备形态分为以下四种。

（1）成品储备。在机电设备修理中，绝大部分备件保持原有的精度和尺寸，在安装时不需要再进行任何加工的零件，这一类备件称为成品储备。

（2）半成品储备。有些零件必须留有一定的修理余量，以便拆机修理时进行尺寸链的补偿。对这些零件来说，可采用半成品储备的形式进行，储备半成品备件在储备时一定要考虑到最后制成成品时的加工工艺尺寸。

（3）材料储备。难以预先决定加工尺寸的备件，采用毛坯储备形式，可以省去设备修理过程中等待准备毛坯的时间。

（4）部件储备。为了进行快速修理，可把生产线中的设备及关键设备上的主要部件、制造工艺复杂和技术条件要求高的部件、通用的标准部件等根据本单位的具体情况组成部件适当储备。

2.3 备件的储备定额

1. 储备定额

确定备件的储备定额是编制机电设备维修各类备件计划的基础工作，是指导备件生产、订货、采购、储备以及科学、经济地管理库房的依据。从广义上讲，储备定额是指企业为保证生产和机电设备维修，按照经济合理的原则，在收集各类有关资料并经过计算机和实际统计的基础上所制定的备件储备数量、库存资金和储备时间等的标准限额。

定额储备必须遵循"以耗定储"的原则。在制定储备定额时，只能对易损件、一般件做适当储备，这是一个基本原则。不应该把一台设备分成零部件全部储备起来。一般机电产品，属于材料供应范围的，在市场上可按计划采购的，如小五金，水暖件、标准紧固件等；单件备件的年消耗量在 0.5 件以下，损坏后易修复，对生产影响不大的，如水泵底座、各类机壳等；制造简单，材料普通的，生产车间可以自行解决的，如小轴、小套、法兰、螺栓等；无完整图纸资料的备件。

2. 资金定额与定额储备率

按照储备定额，算出单件备件储备定额资金，即

$$m = NR$$

式中 m ——单件备件储备定额资金，元；

R —— 单件备件的计划单价或实际单价，元/件；

N —— 单件备件储备定额，件。

如某种型号的泵包含有多种备件，用上述方法将各种备件资金定额相加，即可求出该型泵的资金额。然后把本企业所有泵的备件累计相加，便得出此类别工业泵的资金定额。依此类推，算出空压机、冷冻机、离心机、金属切削机床等的资金定额。把各类别的资金再相加，便能计算出本企业备件储备需要的资金，即

$$M_2 = \sum NR$$

式中　M_2 —— 企业备件储备需用总资金，元；

N —— 单项备件储备定额，件；

R —— 单项备件计划单价或实际单价，元/件。

定额储备所占用的流动资金，一般为本企业设备固定资产原值的 2% ~ 4%。为促进备件管理，还应考核定额储备率。

$$定额储备率 = \frac{定额储备项数}{实际储备项数} \times 100\%$$

或

$$定额储备率 = \frac{定额储备件数}{实际储备件数} \times 100\%$$

定额储备率应要求达到 90% 以上，争取达到 100%。上述两种算法均可，但考核项数比考核件数更能反映实际情况。

2.4 备件储备资金的使用

节约是基本原则之一。企业必须坚持增产节约的原则，合理使用储备资金，节省备件储备资金的开支，其途径有以下三方面。

1. 合理使用流动资金

备件所用资金在企业流动资金中占有相当大比例，所以不能忽视。要坚持少花钱多办事的精神，加速资金周转，达到国家要求指标。

2. 降低消耗

储备定额合理与否，对流动资金占用量有很大影响。企业要根据实际情况，通过技术革新，改进操作条件，改进备件制造工艺和材质，提高设备质量和使用寿命；减少备件消耗，逐步降低储备定额。

3. 减少积压

备件积压不仅不能发挥备件应有的效用，而且占用资金、库房，增加管理工作量，造成

人力、物力、财力的严重浪费。特别是非标准备件，一旦积压就可能成为"死物"。为了减少积压，要抓好以下几项工作：

① 加强计划管理。造成积压的原因一般是由于计划不周，定额不准所致。所以企业要严格控制无计划的采购和订货。

② 要合理安排大修间隔期。设备既不能失修，也不应过度维修。

③ 加强备件的管理。管理工作的混乱，也是造成积压的原因。每个企业的备件管理，要有一个归口部门，不能分散管理。

④ 仓库要严格把关，执行三不入库的制度。即质量不合格的不入库；不符合图纸要求的不入库；没有合同的不入库。

2.5　备件资金的核定

（1）按设备资产原值的一定比例核定，一般为设备购置价值的 2%～4%估算资金定额。

（2）按资金周转期核定。

$$\frac{备件资}{金定额} = \frac{本年度备件}{消耗资金} \times \frac{备件资金计划}{周转期（年）} \times \frac{下年度计划修理工作量}{本年度实际修理工作量}$$

3　备件的计划管理

3.1　备件计划的分类

（1）按备件的来源分，一般可分为自制备件生产计划（产品计划、半成品计划，修复件计划等）和外购备件采购计划（国内备件采购计划与国外备件采购计划）和外协生产计划三类。

（2）按备件的计划时间分，可分为年度备件计划、季度备件计划和月度备件计划。

3.2　编制备件计划的依据

编制备件计划的依据：年度设备修理需要的零件表（依据年度设备修理计划和修前编制的更换件明细表）；零件统计汇总表（备件库存量、库存备件领用动态表、备件入库动态表、备件最低储备等）；定期维护和日常维护用的备件计划；企业的年度生产计划；机

修车间的加工能力；材料供应情况；企业备件历史消耗记录；本地区备件生产、协作供应
情况等。

3.3　备件的自制和外购

1. 备件的自制

备件管理员根据备件生产计划准备好生产备件的图样、材料及有关资料。备件技术员
根据已有的备件图册提供备件生产图样，并编制加工工艺卡，工艺卡中应规定零件的生产
工序、工艺要求、工时定额等。备件管理员接工艺卡后，将图样、工艺卡、材料领用单交
机修车间调度员，便于及时组织生产。对于本单位无能力加工的工序，应迅速落实外协加
工。各道工序加工完毕后，经检验员和备件技术员共同验收，合格后开备件入库单并送交
备件库。

2. 备件的外购

设备外购件一般可分为直接订货和就地供应两种形式。直接订货对于一些专业性较强的
备件，可直接与生产厂家联系，函购或上门订货，企业应根据备件申请计划，按规定的订货
时间与设备生产厂家订货，在签订合同中要详细注明主机型号、出厂日期、出厂编号、备件
名称、备件号、备件订货量、备件质量要求和交货日期等。

就地供应指一般的通用件。通用件大部分可根据备件计划在市场上或通过机电公司进行
采购。

3. 外协备件

对无法自行生产和直接购买成品的生产工艺复杂、市场没有现成产品出售的备件，根据
零件的功能分析绘制图纸，并会审合格后交由生产能力足够的外加工工厂生产完成的一种组
织形式。

3.4　备件生产的组织形式

（1）备件管理员根据备件的年、季、月度备件计划与备件技术员进行备件图样、材料、
毛坯及有关资料的准备（直接购买的外购备件明细材料、规格、型号）。

（2）备件技术员提供备件图纸（根据备件图册提供的图样或自行现场测绘制图并审核归
入备件图册），编制零件加工工艺卡片。

（3）备件管理员将图纸归总，交由维修车间组织生产。

（4）对本厂无法加工的备件落实进行外协加工。

（5）对可以直接进行购买的备件在性价比高的前提下进行采购。

（6）对以上获得的组织入厂、入库验收，合格后移交备件库库存保管。

4 备件的库存管理

备件的库存管理是备件管理工作的重要组成部分。它包含的内容和要求如下：备件入库和建账；认真保存、维护，保证备件库存质量；对库存备件的发放；统计、分析备件使用期间的消耗规律；修正储备定额，合理储备备件；及时处理积压备件，加速资金周转等。备件的库存管理是一项复杂而细致的工作。

4.1 对备件库的要求

备件库的建设应符合备件的储备特点，备件库要求具备以下条件：

（1）备件库的结构应高于一般材料库房的标准，要求干燥、防腐蚀、通风、明亮、无灰尘，有防火、防盗设施等。

（2）各备件库的面积，企业根据备件范围和管理形式自行决定。

（3）配备有存放备件的专用货架等。

（4）配备有一般的计量检验工具，如磅秤、卡尺、钢尺、拆箱工具等。

（5）配备有办公桌和存放文件、账、卡、备件图册、备件订货目录等资料的橱柜。

（6）配备有简单运输工具，如手推车以及防锈去污的物料等。

4.2 备件库存的管理

1. 备件入库管理

（1）入库备件必须逐件进行核对与验收。

（2）入库备件必须符合申请计划和生产计划规定的数量、品种、规格；计划外的零件须经纺织设备科长和备件管理员批准方能入库。

（3）要查验入库零件的合格证明，自制备件必须由检验员检验后填写合格单，外购件必须附有合格证。并在入库前对外观等质量进行适当抽验。

（4）备件入库必须由入库人填写入库单，并经保管员核查，方可入库。

（5）挂上标签或卡片，并按用途（使用对象）分类存放，方便查找。

2. 备件保管管理

（1）入库备件要由库管人员保存好、维护好，做到不丢失、不损坏、不变形变质、账目清楚。

（2）备件管理要做到规格清、数量清、材质清；要做到库容和码放整齐；要做到账、卡、物三个一致。

（3）备件在区、架、层、号四定位。

（4）备件入库上架时要做好定期涂油、防锈保养和检查工作。定期进行盘点，随时向有关人员反映备件动态。

3. 备件发放管理

（1）备件的领用一般实行以旧换新，由领用人填写领用单，注明用途、名称、数量，发放备件须凭领料单。对不同的备件，企业要拟定相应的领用办法和审批手续。

（2）对大修、中修中需要预先领用的备件，应根据批准的备件清单领用，在大修、中修结束时一次性结算，并将所有旧料如数交库。

（3）备件发出后要及时登记、消账、减卡。领出备件要办理相应的财务手续。

（4）支援外厂的备件须经过设备处处长批准后方可办理出库手续。

4. 处理备件管理

符合下列条件的备件，应及时处理。

（1）报废或调出备件必须按要求办理手续。由各种原因造成的本企业已不需要的备件，要及时按要求加以销售和处理。

（2）备件废品查明其废弃原因，提出防范措施和处理意见，并报请主管领导审批处理。

5　ABC 管理法在备件管理中的应用

ABC 管理法又称为重点管理法，是物资管理中 ABC 分类控制法在备件管理中的应用。

备件的种类繁多，其重要程度、消耗数量、价值大小、资金占用及库存时间都各不相同，只有实行重点控制才能做到有效管理。ABC 管理法将各种类型的备件按其单价高低、用量大小、重要程度、采购难易程度等因素分为 A、B、C 三类，分别采用不同的管理方法，如图 3.7 所示。

占用资金多、货源紧张、关键备件列为 A 类备件。A 类备件通常占库存资金总额的 60%~80%，库存品种占总数的 10%左右。对 A 类备件在订货批量和库存储备方面要实行重点控制，在保证维修的前提下适当增加订货次数以减少安全储备量，加速备件资金的周转，

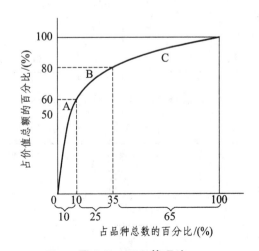

图 3.7　ABC 管理法

减少资金积压。

占用资金少、采购容易、一般性的备件列为 C 类备件。C 类备件通常占备件资金总额的 10%左右，库存品种则占总量的 65%～75%。对 C 类备件可采用较为简易的策略进行管理，按需用量一次性订货。

处于中间状态的备件则列为 B 类备件。B 类备件通常占库存资金总额的 20%～25%，库存品种约占总数的 20%～25%。对 B 类备件应实行较为严格的控制，订货批量可适当加大，按常规的最高、最低储备量及订货点订货。

对于 A 类备件的储备必须严格控制，应尽量缩短采购周期，增加采购次数；B 类备件适当储备，可以根据维修需要适当延长加工或采购周期，减少加工或采购次数；C 类备件，库存适当放宽，存储量大些。

【例 3.2】　某厂的 6FY-12 泵的备件储备表如表 3.8 所示。

表 3.8　6FY-12 泵备件储备表

序号	备件名称	储备量	累计量	累计数与总数比	单价/元	储备金额/元	累计金额/元	累计金额与总金额比
（1）	（2）	（3）	（4）	（5）	（6）	（7）	（8）	（9）
				（4）/930		（6）×（3）		（8）/24 930
1	泵轮	8	8	0.86%	1 000	8 000	8 000	32.09%
2	泵体	12	20	2.15%	400	4 800	12 800	51.34%
3	叶轮	12	32	3.44%	350	4 200	17 000	68.19%
4	泵盖	8	40	4.3%	400	3 200	20 200	81.03%
5	封头螺母	384	424	45.6%	2	768	20 968	84.11%
6	M16×65 合金螺栓	192	616	66.24%	3.5	672	21 640	86.8%
7	中间接管	8	624	67.10%	115	920	22 560	90.49%
⋮								
33	合计		930	100%			24 930	100%

6FY-12 泵备件 ABC 分类如表 3.9 所示。

表 3.9　6FY-12 泵备件 ABC 分类

种类	项数与总项数比	件数与总件数比	金额与总金额比	管理分级	要求
1～4 项	12.12%	4.30%	81.027%	A	重点，严格
5～7 项	9.09%	62.79%	9.466%	B	一般
8～33 项	78.78%	32.9%	9.5%	C	

6　备件部门的具体管理工作内容

1. 定额管理

（1）各相关单位根据实际需要，负责编制备品配件消耗与储备定额。

（2）备品配件贮备定额，1～3 年由设备部组织进行一次修订，确保储备定额先进合理。

（3）备品配件储备，既要保证生产需要，又要防止积压，做到合理储备。储备定额资金按上级规定不应超过本企业设备固定资产原值的 2%～4%，其周转期暂定 6 个月。

2. 备品备件计划

（1）年度备品配件需用计划，由设备部负责编制，于每年年底前完成。计划编制要依据检修计划，新增技改项目和备品配件消耗情况来确定储备定额，做到准确无误。

（2）设备部根据年度备品配件需用计划，经平衡库存后提出年度备品配件计划。

（3）维修车间承担的非标备品配件、设备制造，由市场部负责提供制造图纸资料。

（4）对外委加工的备品配件和设备，由设备部负责提出外委计划，进行订购，并提供相应的图纸及技术要求。

（5）配件加工订货，既要履行合同保证生产需要，又要防止积压。对积压的备品配件，应及时采取措施，调剂处理。

3. 备件合同管理

（1）按分管范围、设备部负责外协、外订备品配件和设备的合同管理，借用要登记，并做到：

① 外协、外订备品配件、设备合同，按地区和类别建账管理，执行情况要详细记录。

② 必须掌握供方配件、设备交货时间，随时提供各地区和各类配件及设备的制造、发货情况，逾期不交要及时查明原因，并向设备副总汇报。

（2）按规定承付货款，及时办理财务报销手续。

4. 备件图纸资料管理

（1）设备部负责组织设备的备品配件测绘，复制底图，办理归档手续工作。

（2）设备部建立健全备品配件图册，不符合要求的图纸，制造单位有权拒绝接收。

（3）在加工制造过程中发现图纸存在问题，制造单位提出后，供图部门应立即修改。

（4）材料的材质、规格与图不符，制造单位必须经使用单位同意、设备部批准方可履行代用手续。

5. 备品配件、设备验收、领用和日常管理

（1）基建移交或生产所用的备品配件、设备，由设备部负责验收，并妥善保管。

（2）设备部应建立健全外协、外订的备品配件、设备信息反馈记录，通过函、电向制造单位传递信息。对重大质量问题，应派员联系，必要时可采用拒付货款等措施。

（3）入库的备品配件必须附有合格证，经设备部检查验收合格后，填写验收单、配件卡片（注明使用车间、部位、名称、规格、型号、材质、单位、数量、金额和图号等），并编号入账。

① 外订设备、备品配件的合同及有关图纸资料由设备部计划员转给档案室一份，作为验收的依据。厂内自制设备、备品配件，以制作图纸和计划作为验收依据。不合格品或达不到验收条件的，验收员应马上与计划员联系处理，并同时汇报情况。

② 对于设备、备品配件原则上要经入库验收、发放。若需直接送现场急用的设备、备品配件，则验收员、保管员到现场验收并及时办理使用手续。

（4）验收依据及技术资料。

定型设备凭制造厂装箱单、合格证、说明书入库。定型配件凭制造单位装箱单、合格证和图纸办理入库。非定型设备，凭制造单位合格证、图纸入库。

非定型配件，凭制造单位合格证、图纸入库。备品配件技术资料由验收员交资料保管员保管。修旧设备与备品配件凭修理单位合格证和图纸验收入库。

验收入库要检查物件的质量、数量和技术资料，做到齐全无误，若发现问题立即上报查明，并追查责任。对已验收的物、件及时上账，妥善保管。

（5）严格控制备品配件使用，配件要专用。使用备品配件，按规定办理出库手续。车间分库备品配件由车间设备员审查同意后方可领用。

（6）保管员要定期对备品配件、设备进行清点、对账，做到日清、月结、年盘点，账、物、卡、资金相符，要积极运用"ABC 管理法"控制备品配件、设备储备。月末做好备品配件和设备入库、出库、库存情况统计工作。

（7）报废的备品配件，商务部组织进行技术鉴定，按规定办理报废手续，会同财务处作价处理。

（8）加强对仓库的管理，实行月抽查，季检查，年终检查。

任务实施

（1）假如你是企业设备维修班组的一名工作人员，企业设备主管给你下达一项任务：根据企业生产现场的备件需求数据，做一份设备管理的备件 ABC 分析管理计划，可以相互讨论。

（2）假如你是某厂负责该厂备件工作的设备技术人员，请你拟订一份该厂备件管理工作计划，要求明确工作内容，能够指导相关设备管理及关联部门的实际工作。

课后作业

（1）备件管理的目标是什么？
（2）备件的储备原则是什么？
（3）备件管理的工作内容有哪些？
（4）备件的库存管理包括哪些内容？

情境 4
设备的改造与更新管理

学习目标

（1）学习设备改造更新的可行性经济分析。
（2）学习新设备从规划选型到订购的管理知识。
（3）学习新设备安装、调试与验收的管理知识。

学习情境导论

设备使用到一定时间后，由于物质和经济的磨损，对设备重新进行改造、大修或更新的经济性分析论证，可能会涉及新设备的选型订购的管理工作流程，如何运用招投标法公正公开地购置设备，并对设备进行安装、调试与验收，为新设备重新投入生产经营创造条件。

任务列表

任务1　设备改造更新的可行性研究
任务2　新设备的订购
任务3　新设备的安装、调试与验收

任务1　设备改造更新的可行性研究

任务描述

设备的技术性能和技术状态不但直接影响产品质量，还影响材料和能源的有效利用，并对企业的经济效益产生深远的影响。设备的技术改造和更新则直接影响到企业的技术进步、产品开发和市场开拓。因此，从企业产品更新换代、发展品种、提高质量、降低能耗、提高劳动生产率和经济效益的实际出发，进行充分的技术分析，有针对性地用新技术改造和更新现有设备，是提高企业素质和市场竞争力的一种有效的方法。企业面对国际、国内市场的激烈竞争，迫切需要提高技术装备的水平，这是企业经营的一项重要任务。通过设备改造更新，必然会为企业的产品生产不断增加品种、提高质量、增加产量、降低消耗、节约能源、提高效率等方面带来极大的收益。作为设备管理人员，要掌握何时对设备进行改造或更新，如何确定最佳的改造或更新方案，使企业的效益最大化。

任务相关知识点：

（1）认识设备磨损、设备寿命、设备折旧的概念。

（2）掌握设备经济寿命的计算方法。

（3）掌握设备折旧的计算方法。

（4）掌握设备改造更新的经济性分析。

任务实施方式：

本次课堂内容以教师讲授和以某一设备改造方案的实战项目训练结合，使学生充分掌握设备改造更新的相关内容，学会基本的经济技术分析方法，同时提高学生团队协作、相互沟通，独立思考及解决问题的能力。

相关知识

1　设备的磨损

设备的磨损分为有形磨损和无形磨损。

1.1 设备的有形磨损

在使用或闲置过程中，一方面会发生实体磨损，如零部件的磨损或损坏、制造精度的下降、外观的陈旧等，造成设备效用的降低，这种磨损称为有形磨损。有形磨损产生的主要原因是设备在生产使用过程中，做相互运动的零部件的表面在力的作用下，因摩擦而产生各种复杂的变化，使表面磨损、剥落和形态改变以及由于物理、化学的变化引起零部件疲劳、腐蚀和老化等现象，导致机器设备实体产生磨损。其磨损的结果通常表现为：设备的各零部件原始尺寸改变，当磨损到一定程度时，甚至会改变零部件的几何形状；零部件之间的公差配合性质改变，传动松动，精度和工作性能下降；造成零部件损坏，甚至因个别零件的损坏而引起与之相关联的其他零件的损坏，导致整个部件损坏，造成严重事故。

第二种有形磨损产生的主要原因是设备在闲置过程中，由于自然力的作用而锈蚀，或由于保管不善、缺乏必要的维护保养措施而使设备遭受有形磨损，随着时间的延长，腐蚀面和深度不断扩大、加深，造成精度和工作能力自然丧失，甚至因锈蚀严重而报废。

设备有形磨损的技术后果是性能、精度下降，到一定程度会使设备丧失使用价值。设备有形磨损的经济后果是生产效率逐步下降，消耗不断增加，废品率上升，与设备有关的费用逐步提高，从而使单位产品成本上升。当有形磨损比较严重或达到一定程度仍未采取措施时，设备就不能继续正常工作，并由此发生事故，使设备提前失去工作能力。

零部件的有形磨损都有一定的规律，大致可分为三个阶段，如图 4.1 所示，图中的曲线称为磨损特性曲线，表示磨损量随着时间的增长而变化的规律。

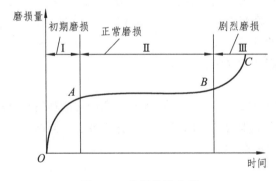

图 4.1 磨损特性曲线

第Ⅰ阶段是初期磨损阶段，又称磨合磨损阶段。在这个阶段，设备各零部件表面的宏观几何形状和微观几何形状（粗糙度）都要发生明显变化。这种现象产生的原因是零件加工后的表面较粗糙，使用初期，由于机械摩擦磨损及其产生的微粒造成的磨料磨损，而使磨损十分迅速，表面粗糙度减少，实际接触面积不断增加，单位面积压力减小，达到 A 点时，正常工作条件已经形成，此时的磨损速度减慢。这种现象一般发生在设备制造、修理的总装调试时以及投入使用期的调试和初期使用阶段。这一阶段应注意磨合规范，选择合适的负荷、转速、润滑剂，经数小时或更长的时间跑合完成后，应当及时清洗换油。

第Ⅱ阶段是正常磨损阶段，又称稳定磨损阶段、工作磨损阶段。进入这一阶段，一般情况下其斜率不大，基本呈直线，说明零部件的磨损速度非常缓慢。这是因为在前一阶段的基础上建立了弹性接触的条件，这时磨损已经稳定下来，磨损量与时间成正比增加，磨损速度较小，持续时间较长，是零件的正常使用期限。为减少磨损，延长零件使用寿命，这期间要做到合理使用和正确地维护保养，尤其是合理地润滑，建立、健全设备的操作规程并严格遵守。

第Ⅲ阶段称为急剧磨损阶段，又称剧烈磨损阶段。这一阶段的出现，往往是由于零件已到达它的使用寿命期而仍继续使用，破坏了正常磨损关系，B 点以后，磨损加剧，磨损量急剧上升。因为此时零件的几何形状改变，表面质量变坏，间隙增大，零件润滑条件随之变坏，运转时出现附加的冲击载荷、振动的噪声、温度升高，与前面变坏了的条件形成恶性循环，这一阶段容易发生故障和事故，最后导致零件完全失效。

1.2　设备的无形磨损

由于设备制造企业工艺和管理水平的提高，生产同样设备所需的社会必要劳动耗费减少，因而使原设备相应贬值；或者由于社会技术水平的提高，不断出现性能更好、效率更高的设备，而使原设备价值相对降低，这两种方式的磨损称为无形磨损。

第一种无形磨损是指设备结构和性能未改变，但由于技术进步、生产工艺改进、成本降低、劳动生产率提高，使生产这种设备的社会必要劳动耗费相应降低，从而使原有设备发生贬值。这种无形磨损虽然使生产领域中的现有设备部分贬值，但是设备本身的技术性能和功能不受影响，设备尚可继续使用，因此一般不用更新，但如果设备贬值速度比修理费用降低的速度快，修理费用高于设备贬值后的价格，就要重新考虑。

第二种无形磨损是指由于出现了具有更高生产率和经济性的设备，不仅原设备的价值会相应降低，而且，如果继续使用旧设备还会相对降低生产的经济效益，如原设备所生产产品的品种、质量不及新设备，以及生产中耗用的原材料、燃料、动力、工资等比新设备多。这种经济效益的降低，实际上反映了原设备使用价值的局部或全部丧失，这就产生了用新设备代替现有旧设备的必要性，这种更换的经济合理性取决于现有设备的贬值程度以及在生产中继续使用旧设备经济效益下降的幅度。

1.3　设备磨损的补偿

对一台设备来说，从其诞生之日开始，就受到有形磨损和无形磨损的综合影响。无论是有形磨损还是无形磨损，都会造成企业生产能力的相对降低、效益下降，必须对设备的磨损进行补偿。其中，有些有形磨损通过修理等方式进行补偿，而有些有形磨损和无形磨损则只能通过技术改造或设备更新的方式来进行解决。设备磨损形式与补偿方式的关系如图 4.2 所示。

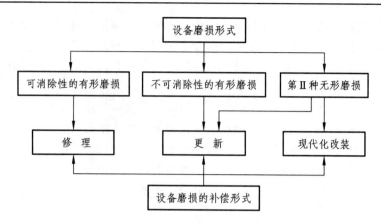

图 4.2　设备磨损形式与补偿关系

2　设备的寿命

2.1　设备寿命的概念

设备的寿命通常是设备进行更新和改造的重要决策依据。设备寿命，是指设备从投入生产开始，经过有形磨损，直至在技术上或经济上不宜继续使用，需要进行更新所经历的时间。从不同角度可以将设备寿命划分为物质寿命、技术寿命、折旧寿命、经济寿命。

2.1.1　物质寿命

物质寿命，是根据设备的物质磨损而确定的使用寿命，即从设备投入使用到因物质磨损使设备老化损坏，直到报废拆除为止的年限。

2.1.2　技术寿命

由于科学技术的发展，不断出现技术上更先进、经济上更合理的替代设备，使现有设备在物质寿命或经济寿命尚未结束之前就提前报废。这种从设备投入使用到因技术进步而使其丧失使用价值所经历的时间称为设备的技术寿命。

2.1.3　折旧寿命

折旧寿命，是指按国家有关部门规定或企业自行规定的折旧率，把设备总值扣除残值后的余额，折旧到接近于零时所经历的时间。折旧寿命的长短取决于国家或企业所采取的政策和方针。

2.1.4　经济寿命

经济寿命，是指设备的使用费处于合理界限之内的设备寿命。在设备物质寿命的后期，因设备故障频繁而引起的损失急剧增加。购置设备后，使用的年数越多，每年分摊的投资越少，设备的保养和操作费用却越多。在使用期最适宜的年份内设备总成本最低，这即经济寿命的含义。

2.2　设备经济寿命的确定

设备更新改造通常是为提高产品质量，促进产品升级换代，节约能源而进行的。其中，设备更新也可以是从设备经济寿命来考虑，设备改造有时也是从延长设备的技术寿命、经济寿命的目的出发的。

设备经济寿命是依据设备使用成本确定的使用期限，即从设备投入使用开始直到因继续使用不经济而被更新所经历的时间。设备使用年限越长，每年所分摊的设置费就越少，但是所需要的维持费就越高，因此，必定存在着使用到某一年份，其平均使用成本最低，经济效益最好。从设备开始使用到成本最低的时间，即为设备的经济寿命，同时也是设备更新换代的最佳时机。这种以设备的年均设置费和年均维持费的综合最小来确定设备的经济寿命的方法我们称为最小年费用法。

1. 不考虑资金时间价值时对设备经济寿命的估算

以设备的使用年数 T 为度量，逐年计算和比较设备的等值年成本，当等值年成本最小时所对应的年份即为设备的经济寿命。

$$C_T = \frac{1}{T}(K_0 - L_T) + \frac{1}{T}\sum_{j=1}^{T} V_j \tag{4.1}$$

式中　C_T——设备使用 T 年后的等值年成本；

　　　L_T——设备使用 T 年后的残值；

　　　V_j——第 j 年的设备维持费；

　　　T——设备使用年数。

式（4.1）中的 $\frac{1}{T}(K_0 - L_T)$ 为逐年的设备设置费，其值随着使用年数的增加而减少；$\frac{1}{T}\sum_{j=1}^{T} V_j$ 则是年均设备维持费用，其值随着使用年数的增加而增大。C_T 为等值年成本，该值最小时所对应的年份即为设备的经济寿命。

【例 4.1】　某设备的购置费为 30 000 元，使用时逐年残值和维持费如表 4.1 所示，试计算设备的经济寿命，以求最佳更新年限。

表 4.1 设备残值和维持费

年 限	1	2	3	4	5	6	7	8
年末残值	18 000	16 000	14 000	12 000	10 000	8 000	5 500	3 000
年维持费	1 500	1 800	2 400	3 000	3 600	4 400	5 200	60 00

解 根据以上数据，分别计算年均维持费和年均设置费，二者之和就是设备的年均运行费用。其中，年平均运行费用最低的年份，即为设备的最佳更新周期。

$$C_1 = \frac{1}{T}(K_0 - L_T) + \frac{1}{T}\sum_{j=1}^{T}V_j = \frac{1}{1}\times(30\ 000 - 18\ 000) + \frac{1}{1}\times1\ 500 = 13\ 500 \quad (\text{元})$$

$$C_2 = \frac{1}{T}(K_0 - L_T) + \frac{1}{T}\sum_{j=1}^{T}V_j = \frac{1}{2}\times(30\ 000 - 16\ 000) + \frac{1}{2}\times(1\ 500 + 1\ 800) = 8\ 650 \quad (\text{元})$$

$$C_3 = \frac{1}{T}(K_0 - L_T) + \frac{1}{T}\sum_{j=1}^{T}V_j = \frac{1}{3}\times(30\ 000 - 14\ 000) + \frac{1}{2}\times(1\ 500 + 1\ 800 + 2\ 400) \approx 7\ 233 \quad (\text{元})$$

同理，可计算出：

$$C_4 = 6\ 675 \quad (\text{元})$$
$$C_5 = 6\ 460 \quad (\text{元})$$
$$C_6 \approx 6\ 450 \quad (\text{元})$$
$$C_7 \approx 6\ 629 \quad (\text{元})$$
$$C_8 \approx 6\ 863 \quad (\text{元})$$

由计算结果可知，设备的年均运用费用从第 1 年到第 6 年先是逐年降低，然后开始逐年增加。因此，年平均运行费用最低的年份是第 6 年，故设备的最佳更新周期为 6 年。

2. 考虑资金时间价值时设备经济寿命的计算

资金的时间价值是指不同时间发生的等额资金在价值上的差别。初始货币在生产与流通中与劳动相结合，即作为资本或资金参与再生产和流通，随着时间的推移会得到货币增值，用于投资就会带来利润；用于储蓄会得到利息。这种资金价值随时间的变化而变化是由资金的运动规律决定的。因此，为了正确评价企业设备的经济效果，必须考虑发生在不同时间的资金的时间价值。一般做法是，把不同时期的金额换算为同一时期的金额，然后在相同的时间基础上进行比较。

（1）资金时间价值的几个概念。

现值（P）：货币的初始价值，即本金（期初金额）。

终值（F）：货币的未来价值，即本利和（未来值）。

利息：在借贷过程中，债务人支付给债权人超过原借贷款额的部分，用"I"表示。

利息 I = 目前应付（应收）总金额 F - 本金 P。

利率：每单位时间增加的利息与原金额（本金）之比，用"i"表示。

计息周期：表示计算利息的时间单位，通常为年、月、日，用"n"表示。

（2）利息有单利和复利两种形式。

① 单利法：利息不计入本金，计息基础不变，利息固定；

单利利息：$I = P \times i \times n$

单利终值：$F = P(1+ni)$

单利现值：$P = F(1+ni)^{-1}$

② 复利法：指以本金和前期累计的利息之和计息，即不仅本金要计算利息，利息也要计算利息，即通常所说的"利滚利"。

复利终值　　$F = P(1+i)^n$

目前，工程经济分析中一般采用复利计息的计算方法。我国贷款是按复利计息的。

采用复利制计算第 n 年后的钱能折合成现在的多少钱时，可以用第 n 年后的本金乘以现值系数：

$$(A/P,i,n) = \frac{i(1+i)^n}{(1+i)^n - 1} \tag{4.2}$$

其中，A 为 n 次等额支付系列中的一次支付。

复利现值　　$P = F(1+i)^{-n}$

当采用复利制计算现在的钱，在 n 年内付清，每年平均应支付多少时，可以将现在的本金乘以资金回收系数：

$$(P/F,i,n) = \frac{1}{(1+i)^n} \tag{4.3}$$

计算利息时经济寿命的计算，只需将式（4.1）中发生在不同时期的费用都等值地折算为期初总现值，将总现值乘以资金回收系数，便可得到等值年成本，即

$$C_T = \left[K_0 + \sum_{j=1}^{T} V_j(P/F,i,n) - L_T(P/F,i,n) \right](A/P,i,n) \tag{4.4}$$

【例 4.2】　某设备的购置费为 30 000 元，使用时逐年残值和维持费如表 4.2 所示，试计算利率为 10%时设备的经济寿命，以求最佳更新年限。

表 4.2　某设备使用时各年度残值和维持费

年　限	1	2	3	4	5	6	7	8
年末残值	18 000	16 000	14 000	12 000	10 000	8 000	5 500	3 000
年维持费	1 500	1 800	2 400	3 000	3 600	4 400	5 200	60 00

解　根据以上数据，分别根据式（4.4），计算设备使用不同年份的等值年成本，其中，等值年成本费用最低的年份，即为设备的最佳更新周期。

$$C_T = \underline{[K_0 - L_T(P/F,i,n)](A/P,i,n)} + \underline{\left(\sum_{j=1}^{T} V_j(P/F,i,n)\right)(A/P,i,n)}$$

$$= \left[\left(K_0 - L_T \times \frac{1}{(1+i)^T}\right) + \sum_{j=1}^{T} V_j \times \frac{1}{(1+i)^T}\right] \times \frac{i(1+i)^T}{(1+i)^T - 1}$$

$$C_1 = \left[\left(K_0 - L_1 \times \frac{1}{(1+10\%)^1}\right) + \sum_{j=1}^{1} V_j \times \frac{1}{(1+10\%)^1}\right] \times \frac{10\%(1+10\%)^1}{(1+10\%)^1 - 1}$$

$$= \left[\left(30\,000 - 18\,000 \times \frac{1}{(1+10\%)^1}\right) + 1\,500 \times \frac{1}{(1+10\%)^1}\right] \times \frac{10\%(1+10\%)^1}{(1+10\%)^1 - 1}$$

$$= 16\,500 \quad (元)$$

$$C_2 = \left[\left(K_0 - L_2 \times \frac{1}{(1+10\%)^2}\right) + \sum_{j=1}^{2} V_j \times \frac{1}{(1+10\%)^2}\right] \times \frac{10\%(1+10\%)^2}{(1+10\%)^2 - 1}$$

$$= \left[\left(30\,000 - 16\,000 \times \frac{1}{(1+10\%)^2}\right) + (1\,500 + 1\,800) \times \frac{1}{(1+10\%)^2}\right] \times \frac{10\%(1+10\%)^2}{(1+10\%)^2 - 1}$$

$$= 11\,311 \quad (元)$$

同理，可计算出：

$$C_3 = 9\,705 \quad (元)$$
$$C_4 = 8\,994 \quad (元)$$
$$C_5 = 8\,634 \quad (元)$$
$$C_6 \approx 8\,474 \quad (元)$$
$$C_7 \approx 8\,477 \quad (元)$$
$$C_8 \approx 8\,525 \quad (元)$$

从计算结果可知，设备在使用过程中，它的等值年成本费用从第 1 年到第 6 年是逐年降低，从第 6 年到第 8 年又开始逐年升高，设备等值年成本费用在第 6 年最低，因此设备的最佳更新周期为 6 年。

3 设备的折旧

3.1 折旧的基本概念

固定资产的价值补偿是通过折旧方式进行的，机器设备等在生产过程中，由于有形和无形磨损，逐渐丧失其原有功能，到一定时候，需要购置新的机器设备置换，以便继续进行生产。为了结集这笔购置费用而又不增加新的投资，将现有固定资产丧失的价值转入产品成本，随着产品的销售，这部分转移价值不断地提取且积累起来，形成专用货币基金。待设备完全失效时，一次实行实物补偿。这种随着产品销售提取和积累专用货币基金的过程就是折旧。定期将折旧费转化的货币资金部分提存积累起来，作为设备的基本折旧基金。每年提取的折旧基金与固定资产价值之比称为折旧率。

　　合理计提折旧，不仅补偿了固定资产的价值损耗，为固定资产的及时更新和加速企业的技术进步提供了资金保证，而且也能真实地反映企业的成本和利润，有利于正确评价企业的经营成果，但是国家对设备折旧也有相应的规定，企业采取的折旧措施不得与国家规定相违背。

　　2008 年 1 月 1 日施行的《中华人民共和国企业所得税法实施条例》（中华人民共和国国务院令第 512 号）第五十九条和第六十条规定：固定资产按照直线法计算的折旧，准予扣除。企业应当自固定资产投入使用月份的次月起计算折旧；停止使用的固定资产，应当自停止使用月份的次月起停止计算折旧。企业应当根据固定资产的性质和使用情况，合理确定固定资产的预计净残值。固定资产的预计净残值一经确定，不得变更。除国务院财政、税务主管部门另有规定外，固定资产计算折旧的最低年限如下：① 房屋、建筑物，为 20 年；② 飞机、火车、轮船、机器、机械和其他生产设备，为 10 年；③ 与生产经营活动有关的器具、工具、家具等，为 5 年；④ 飞机、火车、轮船以外的运输工具，为 4 年；⑤ 电子设备，为 3 年。这些是对各项固定资产最低折旧年限的规定。它只是一个基本要求，并不排除企业自己规定对资产采用比最低折旧年限更长的折旧时限。也就是说，企业可以根据固定资产的属性和使用情况，在比本条规定的相关资产最低折旧年限更长的时限内计提折旧。税法要求折旧方法须采用直线法，各类固定资产的折旧年限也有最低限定，所以各企业在确定固定资产的折旧和净残值时须综合考虑会计和税法的不同要求，以进行合理的纳税调整。

3.2　确定设备折旧年限的一般原则

　　（1）折旧年限应与设备的预计生产能力或产量相当。如预计设备的生产能力强或利用率较高，其损耗就快，折旧年限应较短，才能确保正常更新和改造的进程。而利用率较低的设备，其折旧年限可适当延长。例如精密、大型、重型、稀有设备，由于价值较高而一般利用率较低，且维护较好，故折旧年限一般大于通用设备。

　　（2）折旧年限一般应正确反映设备的有形损耗和无形损耗。尤其是要考虑到因新技术的进步而使现有设备资产技术水平相对陈旧、市场需求变化使产品过时等的无形磨损。

　　（3）折旧年限必须符合国家折旧政策的规定。

3.3　折旧的计算

　　固定资产折旧时的影响因素有以下四种：① 设备原值：即设备购置时实际支付的全部金

额，它是计算折旧的基础。② 固定资产净残值：即设备报废时的剩余价值减去清理费用后余额。③ 设备的折旧年限：即设备预计使用的年限，不同类别固定资产的使用年限不同。④ 设备的折旧方法：即计算设备的折旧方式，它影响着设备的折旧速度和折旧额计提的多少。按照折旧速度和特点，可将折旧方法分为直线折旧和加速折旧法两种。

1. 年限平均法

将固定资产的损耗价值依其使用年限平均计入各个期间的工程和产品成本中，每年的折旧额，是由固定资产价值除以使用年限算得。这种将固定资产价值按其使用年限平均计入各个期间工程和产品成本的方法叫作"平均年限折旧法"或"直线法"。它是现阶段使用最广泛的一种方法，其实质是将固定资产的应计折旧额均衡地分摊到固定资产预计的使用寿命内。采用这种方法计算的每期折旧额均是等额的。其计算公式如下：

$$年折旧率=\frac{固定资产价值-预计净残值}{预计折旧年限}$$

$$=\frac{固定资产价值（1-预计折旧年限）}{预计折旧年限}$$

式中，预计净残值率是预计净残值占固定资产价值的百分比，按照现行财务制度的规定，一般固定资产的净残值率在 3%～5%，企业如规定低于 3%或高于 5%的，应报主管财政部门备案。

在日常核算中，固定资产的折旧额，是按固定资产的折旧率来计算的。固定资产折旧率是折旧额与固定资产价值的百分比。固定资产折旧率通常是按年计算的。在按月计算折旧时，可将年折旧率除以 12，折合为月折旧率，再与固定资产价值相乘计算。固定资产平均年限折旧法的折旧率和折旧额的计算公式如下：

$$年折旧额=\frac{年折旧额}{固定资产价值}×100\%$$

$$=\frac{固定资产价值×(1-预计净残值率)}{预计折旧年限×固定资产价值}×100\%$$

$$=\frac{1-预计净残值率}{预计折旧年限}×100\%$$

$$月折旧率=\frac{年折旧率}{12}$$

$$月折旧 = 固定资产价值×月折旧率$$

【例 4.3】 某企业有一栋厂房，原价为 500 000 元，预计可使用 20 年，预计报废时的净残值率为 2%，计算该厂房的折旧率和折旧额。

解 该厂房的折旧率和折旧额的计算如下：

$$年折旧率 = （1-2\%）÷20 = 4.9\%$$
$$月折旧率 = 4.9\%÷12 = 0.41\%$$
$$月折旧额 = 500 000×0.41\% = 2 050（元）$$

2. 工作量法

汽车等运输设备,可按"平均年限折旧法"按月计提折旧,也可采用"行驶里程折旧法"按行驶里程计提折旧,即根据汽车价值、预计净残值率和预计折旧年限内行驶里程来计算单位里程(即每千米)折旧额,然后根据各月实际行驶里程和单位里程折旧额来计提折旧。汽车折旧年限内单位里程折旧定额和周折旧额的计算公式如下:

$$单位里程折旧额=\frac{车辆价值\times(1-预计净残值率)}{预计折旧年限内行驶里程}$$

$$月折旧额=单位里程折旧额\times月行驶里程$$

【例 4.4】 甲公司的一台机器设备原价为 680 000 元,预计生产产品产量为 2 000 000 件,预计净残值率为 3%,本月生产产品 34 000 件。

解 该台机器设备的月折旧额计算如下:

$$单件折旧额=\frac{680\,000\times(1-3\%)}{2\,000\,000}=0.329\,8(元/件)$$

$$月折旧额=34\,000\times0.329\,8=11\,213.2(元)$$

3. 双倍余额递减法

双倍余额递减法是在不考虑固定资产预计净残值的情况下,根据每年年初固定资产净值和双倍的直线法折旧率计算固定资产折旧额的一种方法。需要注意的是采用双倍余额递减法提取折旧的固定资产,应当在其折旧年限到期前两年,改按直线法提取折旧。其计算公式如下:

$$年折旧率=\frac{2}{折旧年限}\times100\%$$

$$月折旧率=\frac{年折旧率}{12}$$

$$月折旧额=固定资产净值\times周折旧率$$

【例 4.5】 乙公司有一台机器设备原价为 600 000 元,预计使用寿命为 5 年,预计净残值率为 4%。按双倍余额递减法计算折旧。

解 按双倍余额递减法计算折旧,每年折旧额计算如下:

$$年折旧率=\frac{2}{5}=40\%$$

第 1 年应提的折旧额 = 600 000×40% = 240 000(元)

第 2 年应提的折旧额 = (600 000 - 240 000)×40% = 14 4000(元)

第 3 年应提的折旧额 = (360 000 - 144 000)×40% = 86 400(元)

从第 4 年起改按年限平均法(直线法)计提折旧:

$$第\,4、5\,年应提的折旧额=\frac{129\,600-600\,000\times4\%}{2}=52\,800(元)$$

若要按月计提折旧费，则根据年折旧额除以 12 来计算。

4. 年限总额法

该法又称合计年限法，它是指将固定资产的原价减去预计净残值后的余额，乘以一个逐年递减的分数计算每年的折旧额。这个分数的分子代表固定资产尚可使用寿命，分母代表预计使用寿命逐年数字总和。计算公式如下：

$$年折旧率 = \frac{尚可使用寿命}{预计使用寿命的年数总和}$$

$$月折旧率 = \frac{年折旧率}{12}$$

$$月折旧额 = （固定资产原价 - 预计净残值） \times 月折旧率$$

【例 4.6】 一个设备可使用 5 年，则该设备

第 1 年的折旧率为 $\dfrac{5-0}{1+2+3+4+5} = \dfrac{5}{15}$

第 2 年的折旧率为 $\dfrac{5-1}{1+2+3+4+5} = \dfrac{4}{15}$

第 3 年的折旧率为 $\dfrac{5-2}{1+2+3+4+5} = \dfrac{3}{15}$

第 4 年的折旧率为 $\dfrac{5-3}{1+2+3+4+5} = \dfrac{2}{15}$

第 5 年，即最后一年的的折旧率为 $\dfrac{5-4}{1+2+3+4+5} = \dfrac{1}{15}$

其折旧额 = （固定资产原值 - 预计净残值） × 折旧率

需要注意的是：采用年数总和法计提折旧，需要考虑固定资产的净残值，同时要注意折旧的年限一年与会计期间的一年并不相同。

【例 4.7】 丁企业在 2002 年 3 月购入一项固定资产，该资产原值为 300 万元，采用年数总和法计提折旧，预计使用年限为 5 年，预计净残值为 5%，要求计算出 2002 年和 2003 年对该项固定资产计提的折旧额。

解 该固定资产在 2002 年 3 月购入，固定资产增加的当月不计提折旧，从第二个月开始计提折旧，因此 2002 年计提折旧的期间是 4 月到 12 月，共 9 个月。

2002 年计提的折旧额为

$$300 \times （1 - 5\%） \times \frac{5}{15} \times \frac{9}{12} = 71.25 （万元）$$

2003 年计提的折旧额中 1~3 月份属于是折旧年限第一年的，4~12 月份属于是折旧年限第二年的，因此对于 2003 年的折旧额计算应当分段计算：

1~3 月份计提折旧额：

$$300 \times （1 - 5\%） \times \frac{5}{15} \times \frac{3}{12} = 23.75 （万元）$$

4～12 月份计提折旧额：

$$300 \times (1 - 5\%) \times \frac{4}{15} \times \frac{9}{12} = 57（万元）$$

2003 年计提折旧额为

$$23.75 + 57 = 80.75（万元）$$

4　设备更新和改造

4.1　设备改造

设备的技术改造是指应用现代科学技术的成就和先进经验，改变现有设备的结构，安装或更换新部件、新装置、新附件以补偿设备的无形磨损和有形磨损。通过技术改造，改善原有设备的技术性能、增加设备的功能，使之达到或局部达到新设备的技术水平。

1. 设备技术改造的原则

（1）针对性原则。企业的设备技术改造，一般是由设备使用单位与设备管理部门协同配合，确定技术方案并进行设计、制造。应从实际出发，按照生产工艺要求，针对生产中的薄弱环节，采取有效的新技术，使设备技术改造与企业生产的实际需要密切结合。设备的技术改造从生产要求和设备实际情况出发，针对性强。

（2）适用性原则。由于生产产品的品种和质量不同，设备的技术装备水平应有区别。应掌握适度、够用的标准，不要盲目追求高指标，防止功能过剩。

（3）经济性原则。设备技术改造时，要进行技术经济分析，充分利用原有设备的基础部件，节省时间和费用，以较少的投入获得较大的产出。

（4）可能性原则。在实施设备技术改造时，应根据技术改造项目的难易程度来决定是由本企业来完成，还是请有关生产厂方、科研院所协助完成。若技术难度较大，要请外方协助完成的设备技术改造项目，本企业技术人员要积极参与并能掌握相关技术，以便以后的管理与检修。

2. 设备技术改造的经济性分析

设备的技术改造是应用现代技术和方法对现有设备的结构进行整体或局部的改变，使其完全或局部达到新设备的技术装备水平。技术改造可以有效地消除现有设备因技术进步而导致的无形磨损，改变现有设备的落后状态，还可以扩大设备的生产能力，提高产品质量等。

技术改造是一种不改变设备主体基本结构及技术性能的局部性更新，具有针对性强、适应性广、投入少、见效快、效益明显等特点。

技术改造可以对现有设备零部件进行更新，也可安装新的装置，或者是增加新的配套设施及附件。

设备进行改造时，必须进行一次性投资作为技术改造费用，这笔费用将作为固定资产增值包括在技术改造后的设备"原值"之中，即设备折余净值与增值之和。在重新确定设备的使用寿命后，由各年等值提取的折旧额来回收，且需将其使用年限内各年度的维持费用折算成现值，计算其设备总维持费用的现值。

不同的技改方案，生产效率不一定相同，在进行不同技改方案的比较时，必须重视效率这一影响因素的影响程度。因此，对设备技术改造的经济性分析通过总费用现值法进行。即综合考虑设备净值、改造费用及年度维持费用的现值上，以总现值除以生产效率系数，由此得出可比的总现值，对方案进行比较。

总费用现值公式为

$$P_{\mathrm{w}} = \frac{1}{\eta}\left[(K_{\mathrm{g}}+L)+V\times(P/A,i,n)\right] \tag{4.5}$$

式中　η ——技术改造方案的生产效率系数；

　　　K_{g} ——技术改造费用；

　　　L ——设备技术改造时的净值；

　　　V ——设备年度维持费用。

【例 4.8】 某厂对某设备进行技术改造，有 3 种方案可供选择。

方案 1：改造费用 5 000 元，年均维持费用 1.5 万元，方案的使用寿命为 4 年，每天需工作 20 h 完成生产任务。

方案 2：改造费用 1.5 万元，年均维持费用 1.2 万元，方案的使用寿命为 8 年，每天需工作 18 h 完成生产任务。

方案 3：改造费用 2 万元，年均维持费用 8 500 元，方案的使用寿命为 8 年，残值不计，每天需工作 15 h 完成生产任务。

若待改造设备目前的净值为 2.5 万元，资金年利率为 12%，改造后要求使用寿命为 8 年，残值不计，试对上述方案进行选择。

解　方案 1 使用寿命为 4 年，而改造后要求使用 8 年，因此，在此期间内需要改造两次，如果现在就将改造的装置购齐，则需要投资 $2\times5\ 000 = 10\ 000$ 元。

三个方案完成相同生产任务所需的时间不同，如果方案 1 的生产效率系数为 $\eta_1 = 1$，那么方案 2 和方案 3 的生产效率系数分别为 $\eta_2 = 1.11$，$\eta_3 = 1.33$。

三个方案的可比总现值分别为

$$P_{\mathrm{w}1} = 1\times\left[25\ 000+10\ 000+15\ 000(P/A,0.12,8)\right] = 109\ 520\ (\text{元})$$

$$P_{\mathrm{w}2} = \frac{1}{1.11}\times\left[15\ 000+25\ 000+12\ 000(P/A,0.12,8)\right] = 90\ 560\ (\text{元})$$

$$P_{\mathrm{w}3} = \frac{1}{1.33}\times\left[25\ 000+20\ 000+15\ 000(P/A,0.12,8)\right] = 69\ 344\ (\text{元})$$

因此，方案 3 最佳。

4.2　设备的更新

1. 设备更新的定义

设备更新是以比较经济和较完善的设备，代替物质上不能继续使用或经济上不宜继续使用的设备。

2. 设备更新的目的

设备的更新，旨在提高企业素质，促进企业技术进步，增强企业内在的发展能力和对外部环境变化的适应能力。通过设备更新，必然为企业的产品不断增加品种，提高质量，增加产量，降低消耗，节约能源，提高效率。

3. 设备更新的原则

（1）有计划、有步骤、有重点地进行。
（2）克服生产上的薄弱环节，提高综合生产能力。
（3）尽可能地减小劳动强度，提高生产率。
（4）选择用国家推广应用的新设备。
（5）根据客观可能和企业生产发展的需要选择先进设备。

4. 设备更新的经济性分析

在对设备做出更新决策时，主要考虑以下情况：设备技术状态劣化导致部分或全部丧失功能，无法或没必要再修；高新技术设备大量出现，在很大程度上取代了原有设备，继续使用旧设备将导致经济性能劣化。出现上述情况时，才考虑将设备更新。而不顾客观现实条件，强行提前更新设备或勉强将一些技术条件尚不成熟的工艺和设备用于更新，将产生严重的经济后果。

由于设备更新是一项经济性和政策性都很强的工作，因此确定更新方案时必须进行经济性分析，选择最佳方案。

设备更新方案的经济性分析采用"年度使用费用"对比法，在满足工艺要求及生产效率的前提下，选择年度使用费用最低的方案。年度使用费用计算公式为

$$AC = K \times (A/P, i, n) + V \tag{4.6}$$

式中　AC ——年度使用费用；

　　　K ——设备更新的一次性投入费用；

　　　（$A/P, i, n$）——直径回收系数；

　　　V ——年均维持费用。

【例 4.9】　某厂有一台设备已经使用了 3 年，现需要扩大生产规模，有两种方案可供选择。

方案 1：增购一台同种设备。现有设备现折价 2.7 万，新设备购置费用 4 万，要求新、旧设备均使用 8 年，8 年后新、旧设备残值分别为 5 000 元和 4 000 元，新旧设备的平均维持费均为 3 000 元。

方案 2：购置一台大型设备取代原有设备，购置、安装费用共计 7.5 万元，使用 8 年后预计残值为 9 000 元，年均维持费 5 000 元。

假设资金年利率为 10%。

解　第 1 种方案的年度使用费用为

$$AC_1 = 40\,000 \times (A/P, 0.1, 8) - (5\,000 + 4\,000) \times (A/P, 0.1, 8) +$$
$$27\,000 \times (A/P, 0.1, 8) + 2 \times 3\,000 = 177\,715\,(\text{元})$$

第 2 种方案的年度使用费用为

$$AC_2 = 75\,000 \times (A/P, 0.1, 8) - 9\,000 \times (A/P, 0.1, 8) +$$
$$5\,000 - 27\,000 \times (A/P, 0.1, 8) = 13\,210.2\,(\text{元})$$

由于第 2 种方案可利用现有设备净值充减年成本，加之年均维持费低，因而从长远观点来看应选择第 2 种方案。

5. 设备大修、改造和更新方案综合比较分析

一般而言，对超过最佳期限的设备可以采用以下 5 种处理方法：

（1）继续使用旧设备；

（2）用原型设备更新旧设备；

（3）用新型高效设备更新旧设备；

（4）对旧设备进行现代化技术改造；

（5）对旧设备进行大修理。

采用"年度总使用成本"最低法进行选择，即比较各种方案在相同使用时间、相同劳动生产率水平时的第 n 年的总使用成本，以此确定在哪一年进行何种决策最佳。其计算公式为

$$C_x = \frac{1}{\eta_x}\left[L_x + \sum_{j=1}^{n} V_x (P/F, i, n)\right] \tag{4.7}$$

式中　C_x ——不同方案的第 n 年内总成本；

　　　η_x ——不同方案的生产效率系数；

　　　L_x ——设备的总现值；① 如果是继续使用旧设备，则该值为设备净值。② 如果是用原型号设备更新旧设备,则该值为相同结构新设备的购置费用与设备净值之差，即 L_x = 购置费 - 残值。③ 如果是用新型高效设备更新旧设备，则该值为高新技术购置费用与设备净值之差。④ 如果是对旧设备进行现代化技术改造，则该值为技术改造费用与设备净值之和。如果是对旧设备进行大修理，则该值为大修理费用与设备净值之和）

　　　V_x ——各种方案在第 j 年的维持费用；

　　　n ——设备的使用年限。

【例 4.10】　在某台设备继续使用、大修理、技术改造、同型设备更换、高新技术更换五种方案中，选择总使用成本最低方案。各项数据如表 4.3 所示，资金年利率为 8%。

表 4.3

方案	旧设备继续使用	同型设备更换	新设备更新	技术改造	大修理
投资	$L = 2\,000$	$K_t - L = 13\,000 - 2\,000 = 11\,000$	$K_z - L = 15\,000 - 2\,000 = 13\,000$	$L + K_g = 2\,000 + 9\,000 = 1\,1000$	$L + R = 2\,000 + 5\,000 = 7\,000$
生产效率系数	0.7	1	1.3	1.25	0.98
年份	维持费/元	维持费/元	维持费/元	维持费/元	维持费/元
1	2 500	250	200	300	600
2	3 000	530	500	550	1 000
3	3 500	1 050	1 000	1 100	1 750
4	4 000	1 600	1 500	1 700	2 500
5	4 500	2 200	2 000	2 200	3 250
6	5 000	2 800	2 550	2 800	4 000
7	6 000	3 450	3 100	3 600	4 800
8	7 000	4 100	3 700	4 700	5 800
9	8 200	4 800	4 250	5 900	7 000
10	9 600	5 550	4 850	7 200	8 400

解　将表 4.3 中数据分别代入对应的公式，即可求出不同方案在不同年份总的使用成本。下面以技术改造方案为例，计算不同时期该方案的总的使用成本。

第 1 年　　　　$C_{g1} = \dfrac{1}{\eta_g}[L + K_g + V_{g1}(P/F, 0.08, 1)]$

$$= \dfrac{1}{1.25}[2\,000 + 9\,000 + 300 \times 0.925\,9] = 9\,022 \text{ (元)}$$

第 2 年　　　　$C_{g2} = 9\,022 + \dfrac{550}{1.25}[P/F, 0.08, 2] = 9\,399 \text{ (元)}$

第 3 年　　　　$C_{g3} = 9\,399 + \dfrac{1\,100}{1.25}[P/F, 0.08, 3] = 10\,907 \text{ (元)}$

……

依此类推，可计算出第 4～10 年不同时间段内的使用成本，如表 4.4 所示。其他方案的计算结果亦列于同一表中，表中各年份横向 5 个数据中的最小值，即为各方案在该事件段的最佳方案。

表 4.4

年份	使用旧设备	大修理	技术改造	新设备更换	新设备更新
1	6 144	7 710	9 022	11 231	10 142
2	9 838	8 580	9 399	11 685	10 472
3	13 807	10 003	10 097	12 518	11 083
4	18 007	11 878	11 096	13 695	11 931
5	22 382	14 135	12 294	15 912	12 978
6	26 883	16 707	13 706	16 956	14 214
7	31 884	19 565	15 386	18 969	15 605
8	37 287	22 763	17 418	21 184	17 142
9	43 147	26 336	19 779	23 585	18 778
10	49 499	30 306	22 447	26 155	20 506

计算结果表明：① 如果设备只需要使用 1 年，以继续使用旧设备为佳；② 如果使用 2～3 年，则大修比较合理；③ 如果使用 5～7 年，就应对设备实施技术改造；④ 如设备需要使用 8 年以上，则以高新设备更好；⑤ 更换方案是不可取的。

 **任务实施**

设备改造与更新训练项目。

任务名称：

C620 车床改造可行性分析。

任务安排：

目前，××公司有 5 台 C620 型普通单轴卧式车床，主要加工回转表面，可车外圆、端面、切槽、钻孔、镗孔、车锥面、螺纹、车成形面、钻中心孔及滚花。

其性能如下：工件最大直径（在床身上）400 mm，（在刀架上）210 mm。顶尖最大距离 1 900 mm。正转转速范围 12～1 200 r/min，反转转速范围 18～1 520 r/min。电动机：主电动机功率 7 kW。外形尺寸：长 3 669 mm，宽 1 513 mm，高 1 210 mm；加工精度 IT7，表面粗糙度 R_a 值可达 1.6。工作精度：圆度 0.01 mm，圆柱度 100∶0.01 mm，平面度 0.02/ϕ300 mm。

目前市值：11 500.00 元/台。

欲对该车床进行技术改造或更新，旨在提高其加工精度和扩大机床使用范围，并提高生产率，改善加工工艺，减少资金投入，减轻工人的劳动强度，缩短订购新的数控机床的交货周期时间。

任务要求：

小组成员相互协作，合理分工，通过讨论、查询资料、教师指导完成如下任务：

（1）根据项目任务，每个小组代表某一企业（比如沈阳车床厂、大连车床厂、上海车床厂、广州车床厂等）作为乙方参加××公司的车床改造方案会议。

（2）乙方参会代表需提供技术改造的方案和经济性分析，包括投标纸质文档（Word）和用于演示的幻灯片（PPT）。

（3）乙方参会代表需在会议上对公司的改造方案及经济性分析做简要介绍。

实施方式：

（1）学生分组，扮演不同角色。包括乙方各厂家代表、甲方工作人员、招标会组织人员，模拟开展招投标会议。

（2）教师作为专家，分别就乙方代表演示过程中的技术问题和经济性分析进行现场问答。

评　价：

（1）评价分别从学生参加会议的几个方面：① 学生仪态；② 准备程度；③ 演讲效果；④ 改造方案；⑤ 经济性分析；⑥ 报价；⑦ 服务；⑧ 问答情况；⑨ 投标文件质量；⑩ 纪律等 10 个方面进行评价。每个方面的分值为 10 分，共计 100 分。

（2）教师做总结，就此次会议的优缺点进行评价，给出建设性意见。

任务 2　新设备的订购

 任务描述

在企业的实际运行中，一定会因为企业的实际需要，增加部分新设备或者是完全更换原有设备等，以满足企业生产、经营活动。企业新设备的增加管理是一个系统工程，涉及企业生产计划、生产设计、生产工艺、质量、经济价值等诸多方面，在实际运行中，需要仔细的论证和严密的流程操作，技术性要求很强。为了能通过本书让学习者尽快掌握设备订购中的核心技术内容，本书对新设备增加涉及的管理知识进行优化提炼，内容按实际工作中的管理流程进行设计，在配套的学习材料中安排了模拟真实工作过程的训练任务，配合教材的内容，帮助学习者能最快的掌握新设备购置的工作过程与管理规范。

本部分的工作任务涉及以下知识点：

（1）设备订购管理工作内容；

（2）设备订购管理各部门职责分工；

（3）设备订购管理流程；

（4）设备选型；

（5）设备采购。

 **相关知识**

1 新设备订购规划

设备的订购管理是设备管理的一项重要内容，是企业中某项目所需设备从无到有的管理过程。也是设备规划工作中的重要内容，是从设备规划方案开始，到设备购置完成的全过程管理。该部分的管理内容主要包括设备的规划决策、自制设备的设计制造与外购设备的选型采购三个环节。其主要内容包括：设备规划方案的调研、制定、论证和决策；设备货源调查及市场情报的搜集、整理与分析；设备投资计划及费用预算的编制与实施程序的确定；自制设备的方案选择和制造；外购设备的选型、设备的招投标、订货及合同管理；设备的订购管理是设备从无到有的管理中的重要一环，对提高设备技术水平和投资经济效果具有重要作用。

1.1 设备购置工作程序

设备购置需进行规划构思、初步选择、编制规划、评价和决策。

设备投资规划是根据企业经营方针和目标，考虑到生产发展、科研、新产品开发、节能、安全、环境保护等方面的需要而制定的。它包括通过调查研究和技术经济的可行性分析，结合现有设备能力和资金来源等进行综合平衡后，提出并按规定权限经上级审批认可的投资项目，及根据企业更新、改造计划等制定的企业中、长期设备投资计划。

在规划工作中的重点是进行规划项目的可行性研究，确定设备的规划方案。加强设备可行性的论证，就要考虑设备的功能必须满足产品的产量和质量需求，同时还要考虑设备的可靠性和维修性。

在此基础上做好设备的选型工作，从两个方面加以考虑，一是自行制作设备时的设备的设计制造问题；二是对外采购时，对设备的选型（招标）、订货和购置等工作，并对这些工作加以管理。

1.2 设备购置管理部门分工

新设备采购规划管理需要企业各部门的合理分工和协调配合，涉及的企业部门主要有规划决策部门、技术工艺部门、动力设备部门、基建部门、生产部门、财会部门及质量检验部门。

1. 规划决策部门

企业的规划决策是指企业的领导层及其领导下的规划决策部门，根据市场的变化趋势和企业的实际状况，在企业总体发展战略和经营规划的基础上委托规划部门编制企业的中长期设备规划方案，并进行论证，提出技术经济可行性分析报告，作为领导层决策的依据。在中长期规划得到批准之后，规划部门再根据中长期规划和年度企业发展需要制订年度设备投资计划。企业应指定专门的领导负责各部门的总体指挥和协调工作，规划部门加以配合，同时组织人员对设备和工程质量进行监督评价。

2. 技术工艺部门

从产品工艺和质量的角度向企业规划和高级决策部门提出设备更新计划和可行性分析报告；负责设备外购的选型建议和可行性分析以及自制设备的设计任务书，负责签订委托设计技术协议，负责设备后续验收的相关管理工作。

3. 动力设备部门

组织设备规划和选型的审查与论证；负责提出设备可靠性及维修性要求和可行性分析；做好新增设备管理的组织、协调工作；组织参加外购设备的试车验收和自制设备设计方案的审查及制造后的技术鉴定和验收工作；组织对纺织设备质量和工程质量进行评价与反馈；负责设备的外购订货和合同管理，包括订货、到货验收与保管、安装调试等。

4. 基建部门

负责设备基础及安装工程预算，负责组织设备的基础设计、施工，配合做好设备安装与试车工作。

5. 生产部门

负责新纺织设备的安装与试车工作。试车准备工作包括人员培训、材料、辅助工具等。

6. 财会部门

负责筹集购买设备投资资金；参加设备技术经济分析、审核工程和设备预算，核算实际需要费用；负责设备资金的合理使用，少花钱，多办事。

7. 采购部分

负责制定采购方针、策略、制度及采购工作流程与方法，确保贯彻执行；制订招、投标管理办法和设备的采购标准，并严格执行；组织实施市场调研；对采购合同履行过程进行监督检查等。

8. 质量检测部门

负责检测设备安装质量和测试生产产品质量；参加设备验收，检测设备质量项目。企业各职能部门对设备购置管理都有具体责任分工。一般应由设备管理部门带头，明确职责和分工，加强相互配合与协调，共同完成新增设备管理工作。

1.3　新增设备规划

1.3.1　设备规划的主要内容

对于生产型企业，设备规划主要包括设备更新规划、设备改造规划、新增设备规划等内容。对设备规划来说，起决定性作用的是企业生产、经营目标。以企业的生产目标和利润目标为依据，决定设备的技术方案（工艺方法、设备型号、数量、可靠性、维修方式、改造和更新方案等）和经济方案（投资、折旧、经济寿命、更新决策等）。设备更新规划是用优质高性能的新设备更新旧设备的规划；设备改造规划是用现代技术成果改造现有设备的部分结构，为旧设备换上新部件、新设置，使其达到新型设备的水平，是投资少、见效快的设备投资规划；新增设备规划是在现有设备的基础上，再增加部分设备，以满足生产发展的需求。

1.3.2　设备规划的制定

设备规划依据企业生产经营发展的要求、现有设备的技术状况、国内外设备发展趋势、可使用的设备投资资金及安全环保等进行编制。编制工作由主管设备的负责人进行领导，由设备规划部门负责，自上而下地进行编制。

在使用部门、工艺部门和设备管理部门根据企业经营发展规划要求，提出设备规划项目申请表后，就需要对设备规划项目进行初步的经济分析，主要包含设备规划的可行性分析和设备投资分析两大方面。

（1）设备规划的可行性分析。

该分析的基本内容为确定设备规划项目的目的、任务和要求。分析研究规划的由来、背景及重要性和规划可能涉及的组织与个人，明确规划的目标、任务和要求。

进行规划项目技术经济方案论述。论述规划项目与产品的关系，包括产品产量、质量和生产能力等，确保生产平衡；提出规划设备的基本规格，包括设备的功能、精度、性能、生产效率、技术水平、能源消耗指标、安全环保条件和对工艺需要的满足程度等技术性内容。由此提出设备管理体制、人员结构和辅助设施；提出建设方案实施意见；进行投资、成本和利润的估算，确定资金来源，预计投资回收期，销售收入及预测投资效果等；环保与能源的评估。在论述设备购置规划与实施意见中，要同时包含对实施规划带来的环境治理和能源消耗等问题的影响因素分析与对策研究。

实施条件的评述：设备规划的实施方案意见应对设备市场调查分析、价格类比、设备运输与安装场所等方面的条件进行综合性论述，形成设备规划可行性论证报告及几种可行方案。

（2）设备投资分析。

设备投资分析是决定设备投资是否合理，对企业的生存和发展是否有重要影响，设备规章制度是否正确的最终评定。制定投资规划是建立在充分调查、论证的基础上，具有科学性及较强的说服力和可操作性。

企业的设备投资分析主要有以下内容：

① 投资原因分析。对企业现有设备能力能否实现经营目标和发展规划等进行分析。为了提高产品质量，增强市场竞争能力，针对企业现有设备技术状况是否需要改造、更新进行分析。从节约能源和原材料、改善劳动条件、满足环境保护与安全生产方面的需求方面进行分析。

② 技术选择分析。搜集并分析国内外设备的技术和市场信息，选择设备规格与型号。设备技术主管部门对新提出的购置设备的主要技术参数进行分析、论证，讨论通过后报送有关部门。

③ 财务选择分析。对拟选购设备的经济性进行全面论述，根据成本低和投资效益好的基本原则，提出投资的具体分项内容，如设备购置费、配件购置费、运输费和安装调试费等。

④ 资金来源分析。设备投资的资金来源主要有以下渠道：政府财政贷款、银行贷款、自筹资金、企业的经营利润留成、发行债券、自收自支的业务收入和资产处理收入等资金，利用外资进行投资也是固定资产投资的重要资金来源。

由设备规划部门汇总各部门的项目申请书。通过综合平衡，提出最佳的设备规划草案，提交有关部门会审。

由设备规划部门根据各部门的会审意见修改规划草案，编制设备规划，由主管设备的企业领导审查后，上报企业总裁批准，形成正式设备规划。

2　设备选型

2.1　设备选型的基本原则

新增设备的选型是实施企业规划的一个重要环节，是指从多种可以满足相同需要的不同型号、规格的设备中，通过经济分析，选择一个最佳购置方案，这对降低设备成本起到关键的作用。设备在选型中应遵循以下原则：

1. 生产上适用

所选购的设备应适合本企业扩大生产规模或开发新产品的实际需要。

2. 技术上先进

在生产适用的前提下，所选购设备的性能指标应保持技术上的先进性，以利于提高产品质量和延长设备技术寿命。

3. 经济上合理

所选购设备要求价格合理，以实现经济效果最佳。

生产实际中，是要把生产上适用、技术上先进、经济上合理三者统一起来分析，从生产上适用角度入手，因为生产上适用的设备才能体现其投资效益；再考虑技术上先进，然后结合两者考虑如何获取最大经济效益，从而将三者有机统一。

2.2 设备选型的主要因素

2.2.1 设备主要参数的选择

1. 生产率

生产率即设备的生产能力。设备的生产率一般用设备单位时间的产品产量来表示。例如每班产量、台时产量等。对于有些不能直接估算产量的设备，可用主要参数衡量，如车床的中心高、主轴转速，压力机的最大压力等。设备生产率应与企业的经营方针、企业规模、生产计划、运输能力和技术力量、动力、原材料供应等相适应，不能盲目要求生产率越高越好。选择一台设备时，应考虑其生产能力应能满足生产现状对它的要求，并能满足将来的需求。

2. 工艺性

设备最基本的一条是要符合产品工艺的技术要求。工艺性就是设备满足生产工艺要求的能力。如金属切削机床应能保证所加工零件的尺寸精度、几何形状和表面质量的要求。同时设备还要求操作轻便、控制灵活；对于大批量生产的产品，其生产设备的自动化程度要高些；对于进行危险作业的设备，最好具备自动控制或远距离监控功能。

2.2.2 设备的可靠性和安全性

1. 可靠性

可靠性就是设备处于使用状态时，在规定时间和条件下实现规定功能的能力。生产实际中常用可靠度来表示设备的可靠性。选择设备可靠性时要求其主要零部件平均故障间隔期越长越好，具体可以从设备设计选择的安全系数、冗余性设计、环境设计、元器件稳定性设计、安全性设计和人机因素等方面进行分析。可靠性在很大程度上取决于设备的设计与制造质量，因此，在进行设备选型时必须考虑设备的设计制造质量。随着产品的不断更新，企业对设备的可靠性要求也不断提高，设备的设计制造商应提供产品设计的可靠性指标，方便用户选择设备。

2. 安全性

安全性是指设备对生产安全的保障性能，即设备应具有必要的安全防护设计与装置，以避免带来人、机事故和经济损失。

2.2.3　设备的维修性和操作性

1. 维修性

维修性是指设备发生故障时，通过维修手段使其恢复功能的难易程度。在选择设备时，可维修性就应作为一个重要的评价因素，设备的维修性可以从以下几个方面进行衡量：

（1）设备的技术图样和相关资料齐全，便于维修人员了解设备结构，方便拆装和检查。

（2）设备结构设计合理。在符合使用要求的前提下，设备结构应力求简单，需维修的零部件数量越少越好，现场检测设计周到，拆卸较容易，并能迅速更换易损件。

（3）标准化、组合化原则。设备零部件组合标准化、互换性要好，容易被拆成几个独立的部件、装置和组件，并且不需要特殊手段即可装配成整机。

（4）结构先进。设备尽量采用参数自动调整、磨损自动补偿和预防措施自动化原理来设计。

（5）状态监测与故障诊断能力。可以利用设备上的仪器、仪表、传感器和配套仪器来检测设备有关参数以判断设备的技术状态和故障部位。今后故障诊断能力将成为设备设计的重要内容之一，检测和诊断软件也成为设备必不可少的一部分。

（6）提供特殊工具和仪器、适量的备件或有方便的供应渠道。

此外，要有良好的售后服务质量，维修技术要求尽量符合设备所在区域的情况。

2. 操作性

选择设备时，对其操作性总的要求是方便、可靠、安全，并符合人机工程学原理。通常要考虑的主要事项如下：

（1）操作机构及其所设位置应符合劳动保护法规要求，适合一般体型的操作者。

（2）充分考虑操作者生理限度，不能使其在法定的操作时间内承受超过体能限度的操作力、活动节奏、动作速度、耐久力等。

（3）设备及其操作室的设计必须符合有利于减轻劳动者精神疲劳的要求。

2.2.4　设备的环保性与节能性

1. 环保性

环保性是指设备的噪声和排放的有害物质对环境污染的程度。

2. 节能性

节能性是指使用设备生产单位产品时所消耗的能源量的多少。

设备的节能包括两方面的含义：一是指对原材料消耗的节省，二是指对能源消耗的节省。在设备选型时，无论哪种类型的企业，其所选购的设备必须要符合《中华人民共和国节约能源法》规定的各项标准要求。

2.2.5　经济性

设备选型的经济性所指的范围十分广，各企业可以视自身特点和需要从中选择影响设备经济性的主要因素进行分析论证。设备选型时要考虑的经济性影响因素主要有：初期投资，对产品的适应性，生产效率，耐久性，能源与原材料消耗，维修费用等。

设备的初期投资主要指购置费、运输与保险费、安装费、辅助设施费、培训费、关税费等。大体而言，设备选型从经济性角度考虑要求是：初期投资少，生产效率高，耐久性长，原材料及能源消耗少，维修管理费用低以及节约劳动力等。但在选购设备时不能简单寻求价格便宜而降低其他影响因素的评价标准，尤其要充分考虑停机损失、维修、备件和能源消耗等项费用，以及各项管理费。总之，应以设备寿命周期费用为依据衡量设备的经济性，在寿命周期费用合理的基础上追求设备投资的经济效益最高。

除此之外，在设备选型时还要考虑诸如互换性、配套性、易于安装性、备件的供应、售后服务和交货等方面的因素，从而保证购置设备能很好地满足企业的需要，并为企业的生产、管理带来更多的方便性。

2.3　设备选型程序与订购流程

2.3.1　设备选型程序

设备选型应在广泛搜集信息资料的基础上，经多方调查、研究分析、论证后进行决策。主要程序如下：

1. 收集市场信息

通过各种渠道，广泛收集所需设备以及设备关键配套件的技术性能资料、销售价格和售后服务情况，以及设备销售商的信誉和商业道德等资料。

2. 筛选信息资料

将所收集到的资料进行排队，从中选择数个设备生产厂作为候选单位。进行咨询、联系和调查访问，详细了解设备的技术性能、可靠性、安全性、维修性、技术寿命及其能耗、环保等情况；制造商的信誉和服务质量；用户对产品的评价；货源及供货时间；订货渠道；价格及随机附件等情况通过分析比较，选择几种较满意的机型、制造商和销售商，如表 4.5 所示。

表 4.5　设备选型调研表

序号	项　目	I	II	III		
1	设备名称				调研结论	
2	型号规格					
3	国　别					
4	制造厂					
5	是否国家定点厂					
6	是否名牌产品					
7	购置价格					
8	资金来源					
9	维修性					
10	安全性				安全环保部门意见	
11	能源消耗					
12	售后服务					
13	市场供应情况					
14	是否符合产品加工工艺质量要求				生产部门意见	
	结构上有何改进				工艺部门意见	
15	有关部门使用情况				设备部门意见	

3. 选型决策

对选出的几种机型对制造商和已使用的用户进行进一步调查，仔细询问机型质量、性能、服务承诺、价格和配套件供应等情况。在此基础上认真比较分析，最后选定订购机型。设备选型决策常用三种方法：负责人直接确定，决策层会议决策确定，专家成员与负责人多级综合决策。

2.3.2　设备订购流程

设备订货的主要流程为：货源调查、向厂家询价、制造厂报价、谈判磋商、签订订货合同。从订货程序可见，从设备选型的第三步就已经开始订货工作。设备采购部门按外购设备明细表先进行市场货源调查，收集各种报价和供货的可能并做出评价选择，在制造厂报价的基础上，做出选型评价决策后，再与制造厂就供货范围、价格、交货期以及某些具体细节进行磋商，最后签订订货合同，由双方签章后便具有法律效应。

1. 合同签订

企业订购产品时，需签订合同。合同是双方根据法律、法规、政策、计划的要求。为实现一定的经济目的，明确相互权利、义务关系的协议。与国外厂商签订合同，还必须符合国际贸易的有关规定。

（1）签订设备订货合同一般应注意以下几点：

① 合同的签订以往来函电的洽商结果为依据。

② 合同必须明确表达供需双方的意见，文字准确，无漏洞。未明的事项可以用附件的形式作为补充。附件也必须双方签字盖章。

③ 合同必须符合国家的经济法规政策和规定。

④ 合同必须考虑可能发生的各种变动因素，并列出防止和解决的方法。

⑤ 签订合同必须手续齐备，填写清楚，并经双方加盖合同专用章。

（2）履行设备采购合同时应注意以下事项：

① 设备在采购过程中，采购方未按合同约定履行支付价款或其他义务时权应属于供应方。

② 设备供应方应履行向采购方交付设备或提供提取设备的凭证；供应方应当按照约定或交易习惯，向采购方提供设备相关资料。

③ 供应具有知识产权的设备时，除法律另有规定或相关方另有约定外，其设备的知识产权不属于采购方。

④ 当设备质量不符合要求，致使不能实现合同目的时，采购方可以拒绝接收设备或者解除合同。采购方拒绝接收设备或者解除合同的，设备毁损、灭失的危险由供应方承担。

⑤ 设备检验期间，采购方应当在检验期间将所采购的设备的数量或质量不符合约定的情况酌情通知供应方，采购方怠于通知的，视为设备的数量或者质量符合规定。

⑥ 采用分期付款方式采购设备时，当采购方未支付到期价款达到全部价款的1/5时。供应方可以要求采购方支付全部价款或者解除合同。供应方解除合同的，可以向采购方要求支付该设备的使用费。

⑦ 从国外引进订购的设备，要选定国际公证商检机构进行设备质量的检验。

2. 合同的内容

设备订货合同一般包括以下内容：

（1）采购方与供应方的名称与地址、联系方式、签约代表、一般纳税人号码。

（2）设备的名称、型号、规格、数量和计算单位（台、件、套等），所供货物应包括主机、标准件、特殊附件、随机备件等。

（3）设备的质量技术要求和验收标准。

（4）设备运输、包装、保险等费用，单价及合同总价、账号等。

（5）设备合同履行期限、地点和方式，交货单位与收货单位全称，交（提）货及检验方法等。

（6）供应方提供的技术服务、人员培训、安装调试的技术指导等。

（7）违约责任。如违反合同条款的处理方法和罚金、赔偿损失的范围与金额等。

（8）合同的签订日期和履行有效期。

（9）解决纠纷、争议的途径和方法。

3　招投标

现代设备采购过程中，规范性的采购流程中会有一个关键环节就是设备的招投标。原则上讲，所有设备都可以进行招投标程序，这样会使采购更加公平、透明。但是在具体实施中，会根据设备的种类或采购涉及的资金量而确定是否进入招投标程序。

对于专用设备、生产线、价值较高的单台通用设备以及国外设备，一般应采用招标方式订购，经过评议决定，与中标单位签订供货合同。采用招标方式订购设备，主要是为了运用竞争机制，使资金得到有效的使用，确保设备的采购质量，降低投资风险，提高投资效益。

招标可分成三种方式：

（1）公开招标：包括国际性竞争招标（ICB）和国内竞争性招标（LCB）。

（2）邀请招标：即不公开刊登招标广告，设备购买单位根据事先的调查，对国内外有资格的制造商直接发出投标邀请。这种形式一般用于设备购置资金不大，或由于招标项目特殊、可能承担的制造商不多的情况下。

（3）竞争性谈判或谈判招标（也叫议标）：这是一种非公开、非竞争性招标，由招标人物色几家承包商或制造商直接进行合同谈判。一般情况下不提倡采用这种做法。

设备进入招投标程序其作用主要体现在两个方面，一是体现了公平竞争的原则，即招标人、投标人以及投标人之间的平等地位关系，充分体现了市场经济中的平等竞争原则；二是最大限度地避免人为因素的干扰，招投标是公开进行的，是广泛的投标者实力与利益的竞争，在这种竞争中，参与的投标者以及中标者都是以规范的文件要求及满足条件方式来确定的，这就大大避免了人为因素对于市场公正性的影响。因此采购中，招投标程序是非常重要的一个采购环节，本书将着重介绍公开性招标的相关内容。

3.1　招投标流程

对于有资质进行招投报的单位，招投标的基本流程为：确定招标方式，确定项目包，确定评标标准，招标文件编写，发布招标公告及发售招标文件，标前答疑、开标、评标、公示。如果委托第三方（招标机构）进行招标工作，招标单位还需要进行招标委托，并向委托单位发出招标委托通知单，招标委托通知单是具体设备开始招标的标志和依据，其中应说明：通知时间，通知单编号，项目背景，设备基本用途，预计金额，设备数量，相关联系人、负责人及联系方式。招标技术要求、商务条件是招标委托通知单的必要附件。同时业主方面可同时提供作为招标文件审核、投标评审的专家参考名单。

3.1.1 招标文件编写及招标公告的发布

1. 招标文件编写

招标文件对整个招标过程具有举足轻重的作用，招标文件既是投标人编制和参加投标的依据，也是评标委员会评标的依据，同时还是签订采购合同所遵循的依据，招标文件大部分内容要列入合同之中。一般情况下，招标人和投标人之间是不进行或只进行有限的面对面交流，投标人只能根据招标文件中的各项规定和要求编写投标文件。因此，招标文件是联系、沟通招标人和投标人的桥梁。能否编制出完整、严谨、科学的招标文件，直接影响到招标采购的质量和结果，也是招标成功的关键。所以，在编制招标文件时，应注意以下几个方面：

（1）编制招标文件前期准备工作应充分；

（2）招标文件内容应齐全完整；

（3）招标文件应充分体现公开、公平、公正的采购原则；

（4）编制招标文件应注意对采购项目进行合理分包；

（5）招标文件中合同条款的编制应实事求是，合理合法；

（6）文字表述要清楚准确、语言规范。

明确了招标文件编写的注意事项，做好文件编写的各项准备工作，依据原则认真编写招标文件，在具体招标文件的编制过程中，招标文件的内容要正确完整，招标文件的内容如下：

- 投标邀请；
- 投标人须知；
- 投标人应当提交的资格、资信证明文件；
- 投标报价要求，投标文件编制要求和投标保证金交纳方式；
- 招标项目的技术规格要求、数量，包括附件、图纸等；
- 合同主要条款及合同签订方式；
- 交货和提供服务的时间；
- 评标方法、评标标准和废标条款；
- 投标截止时间，开标时间及地点。

国家采购项目时，注明省级以上财政部门规定的其他事项。

招标文件编制中，评标标准的编制是非常重要的一项内容。内容中不能有特定指向性的描述，这将会妨碍公正性。评标标准的主要内容如下：

- 废标条件；
- 主要技术指标；
- 一般技术指标；
- 业绩及信誉；
- 其他，如服务及时性、系统的先进性、可靠性，运行成本等。

2. 招标公告发布

公开招标要发布招标公告（通告）。招标公告主要通过报刊、网络及相关媒体进行发布。招标公告中要载明以下事项：

- 招标人的名称和地址；
- 招标项目的性质、数量（项目包）；
- 招标项目的地点和时间要求；
- 获取招标文件的办法、地点和时间；
- 对招标文件收取的费用。

当发出招标公告后或者发出投标邀请书后不得终止招标。招标公告发布或投标邀请书发出之日到提交投标文件截止之日，一般不得少于 30 天。

3.1.2 投　标

投标人应当按照招标文件的规定编制投标文件。投标文件应当载明如下事项：

- 投标函；
- 投标人资格、资信证明文件；
- 投标项目方案及说明；
- 投标价格；
- 投标保证金或者其他形式的担保；
- 投标文件要求具备的其他内容。

投标文件应该在规定的截止日期前密封送达到投标地点。招标人（或者招标投标中介机构）对在提交投标文件截止日期后收到的投标文件，应不予开启并退还。招标人（或者招标投标中介机构）应当对收到的投标文件签收备案。

投标人可以撤回、补充或者修改已提交的投标文件，但是应该在提交投标文件截止日之前，书面通知招标人（或者招标投标中介机构）。

3.1.3 开标评标程序

开标评标会是在规定的时间、规定地点，由招标方或中介代理机构组织，招标方、投标方共同参与下进行投标的开标与评标。

1. 开　标

开标具体流程如下：

（1）主持人宣布开标会议开始。

（2）介绍参加会议的单位及有关人员。

（3）由投标人或者其推选的代表检查投标文件的密封情况，也可以由招标人委托的公证机构检查并公证，检查人员对检查结果签字确认。

（4）经确认无误后，由有关工作人员当众拆封，宣读投标人名称、投标价格和投标文件的其他主要内容。

（5）宣布开标完成，请投标方退场。

2. 评　标

（1）评标准备。

① 招标人向评标委员会成员发放招标文件和评标有关表格。

② 评标委员会成员研究招标文件，了解和熟悉相关内容。

- 设备概况；
- 招标范围和性质；
- 招标文件规定的主要技术要求、标准和商务条款；
- 招标文件规定的评标方法和标准以及在评标过程中应考虑的相关因素；

③ 招标人向评标委员会提供评标所需的重要信息和数据。

（2）初步评审。

① 评标委员会检查所有投标文件的有效性（依照 89 号令第 35 条）。

② 根据招标文件规定，审查并逐项列出投标文件的全部投标偏差，属于重大偏差的，为未实质性响应招标文件，作废标处理（依照 12 号令第 25 条）；属于细微偏差的，评标委员会应当书面要求投标人在评标结束前予以补正。

③ 要求投标人对投标文件中含义不明确、对同类问题表述不一致或者有明显文字和计算错误的内容作必要的澄清、说明或者补正（如果有）；如发现投标人的投标报价明显偏低，有可能低于其企业成本价的，要求该投标人作出书面说明并提供相关证明材料。

④ 按上述评审，评标委员会列出被否决的不合格投标或者界定为废标的，确定合格的投标文件，填写"初步评审结论一览表"。

（3）详细评审。

在具体评标过程中，通常有两种常用的评标方法，最低投标价法、综合评估法。

① 经评审的最低投标价法。

- 评标委员会根据招标文件规定的价格调整方法和标准，对所有投标人的投标报价以及投标文件的商务部分作必要的价格调整，评审出最终投标价，同时对投标文件技术部分的可行性进行评审；
- 拟定"经评审的价格一览表"。

② 综合评估法（综合评分法）。

- 评标委员会根据招标文件规定的价格调整方法和标准，对所有投标人的投标报价以及投标文件的商务部分作必要的价格调整，评审出最终投标价；
- 根据招标文件规定的方法和标准，对投标文件的商务部分和技术部分进行逐项评分；
- 对商务部分和技术部分的评分结果进行加权，计算出每一投标的综合评估分；
- 拟定"综合计分评分比较一览表"。

（4）提交评标报告。

评标委员会全体成员签署书面评标报告，将投标人排序并推荐前 3 名依次为第一中标候选人至第三中标候选人。

任务实施

任务名称：
模拟某企业新增设备采购招投标。

任务要求：
以角色扮演的形式模拟从设备采购规划到设备招投标完成的整个环节。对每个环节都要尽可能模拟实际的情况进行，对市场的调研、文件的编写、相关专家意见的收集等，都要真实地进行，并有详细的原始文件记录作为考核依据。本任务的最终要举行一个开标评标会，确定最终的中标方。

任务安排：
（1）在本章学习之初开始本任务的实施；
（2）将教学对象分成小组，每组成员 3 名；
（3）以随机的方式确定每个小组所扮演的角色；
（4）安排每组的具体工作任务：市场调研、采购计划制订、招标文件制订、发出招标通告、投标文件制订、方案说明、开标、评标；
（5）制订实施详细计划表。

实施方式：
（1）教师统筹安排任务；
（2）分组完成各自的任务；
（3）以角色模拟为任务的主要实施方式；
（4）真实进行市场调研、专家走访；
（5）公开举办开标、评标会。

课后作业

（1）如何制定设备规划？
（2）设备选型程序？
（3）设备选型的决策方法有哪些？
（4）在设备选型时主要考虑的是哪些因素？
（5）招标主要方式有哪几种？
（6）一份完整的招标文件要包含哪些内容？

（7）简述开标流程。

（8）简述评标方法。

任务3 新设备的安装、调试与验收

 **任务描述**

对新设备的安装、调试与验收，涉及多家单位、多部门的参与与协调，安装工作的管理是一个不可或缺的重要项目，规范的安装调试验收工作为以后设备正常使用、设备维护维修工作奠定良好的基础。

 **相关知识**

1 新设备的安装、调试与验收

1.1 设备的到货验收

设备到货以后，需要凭合同和验收装箱单，进行开箱检查，验收合格后办理相应的入库手续。

1. 到货验收的程序

（1）设备到货后，由设备采购单位供应科有关人员通知设备主管工程师准备验收。

（2）设备主管工程师接到供应科通知后组织仓库保管员、各专业主要负责人、安装单位有关人员到现场，由供应科、项目部、安装单位和供货单位有关人员共同验收。

（3）验收合格后有关人员填写设备（材料）验收单，仓库办理入库手续；产品性能验收要在设备单体试车和联动试车后进行。

（4）验收不合格的，由供应科有关人员负责联系维修或退换货等有关事宜。

2. 设备验收的有关规定

设备（材料）验收严格按照订货合同及技术协议以及相应的国家和行业规范进行。具体分为以下几个方面：

（1）验收准备：验收前供应科和设备厂家应提供合同和技术协议，以及发货清单或装箱单等有关资料。

（2）外观验收：按照合同和技术协议核对到货设备名称、型号规格、数量等是否与合同和技术协议相符，并做好记录。查看有无因装卸和运输等原因导致的残损，如有残损应做好残损情况的现场记录，必要时要拍照留存。

设备验收的内容：

① 设备外观和组成部件数量，并验收其外观质量；

② 设备的随机文件；

③ 设备的随机配件（部件）数量与装箱单是否一致；

④ 设备的随机工具及数量；

⑤ 有关设备的其他附件。

（3）重量验收：对于有重量要求的设备先安排过磅检斤并保存好过磅单据。

（4）设备技术资料的交接验收：设备技术资料（图纸、设备使用与保养说明书和备件目录等）、产品合格证、随机配件、专用工具、监测和诊断仪器、特殊材料、润滑油料和通讯器材等，是否与合同和技术协议内容相符。对于有特殊材质要求的设备或材料，生产或供货厂家必须提供权威部门出具的《材质分析报告书》，否则不予验收。

（5）开箱验收：对于装箱运输的设备要现场开箱验收并做好开箱记录。如开箱后不易保管和存放的，可以和厂家协商由需方代管，在安装之前再行开箱检验。

（6）设备性能验收：本次验收属于设备（材料）的到货验收，设备性能验收要在设备安装完毕，单体试车和联动试车之后进行。

（7）验收合格后，应填写设备（材料）交接验收单，供需双方各执一份。交接验收单和所有技术资料交设备主管工程师统一保管，工程施工完毕后转交档案室或设备部存档。仓库管理员同时办理入库手续。

1.2　设备安装调试的主要内容

1. 设备的安装

（1）设备的安装定位。

设备安装定位的基本原则是要满足生产工艺的需要及维护、检修、技术安全、工序连接等方面的要求。按照工艺技术部门绘制的设备工艺平面布置图及安装施工图、基础图、设备轮廓尺寸以及相互间距等要求划线定位，组织基础施工及设备搬运就位。

（2）安装定位应考虑的因素：

① 应适应产品工艺流程及加工条件的需要；

② 保证最短的生产流程，应方便工件的存放、运输和现场的清理，以及车间平面的最大利用率，并方便生产管理；

③ 保证设备及其附属装置的外尺寸、运动部件的极限位置及安全距离；

④ 应保证设备安装、维修、操作安全的要求；

⑤ 考虑厂房与设备工作应匹配，包括门的宽度、高度，厂房的跨度、高度等。

（3）设备安装找正的问题。

做好设备安装找平，保证安装稳固，减轻振动，避免变形，保证加工精度，防止不合理的磨损。

① 选定找平基准面的位置。一般以支承滑动部件的导向或部件装配面、工具、卡具支承面和工作台等为找平基准面。

② 设备的安装水平。机械工作面的位置公差按照说明书规定的值进行调整。

③ 安装垫铁要使载荷分布均布，应符合说明书和有关设计与技术文件的规定，通过垫铁调整设备的安装水平与装配精度。

④ 地脚螺钉、螺帽和垫圈的规格应符合规定标准。

对基础的制作、装配连接、电气线路等项目的施工，要严格按照施工规范执行。

安装工序中如果有恒温、防振、防尘、防潮、防火等特殊要求时，应采取措施，条件具备后方能进行该项工程的施工。

2. 设备的调试运转与验收

（1）试运行前的准备工作：

① 清洁设备，油箱及各润滑部位加足润滑油。

② 局部运动各个运动部件。

③ 试运转电气部分。为了确定电机旋转方向是否正确，可先摘下皮带或脱开联轴节，使电机空转，经确认无误后再与主机连接。电机皮带应均匀受力、松紧适当。

④ 检查安全装置，保证正确可靠，制动和锁紧机构应调整适当。

⑤ 各操作手柄转动灵活，定位准确并将手柄置于"停止"位置。

⑥ 试车中需高速运行的部件，应无裂纹和碰损等缺陷。

⑦ 清理设备部件运动路线的障碍物。

（2）设备的空转试验。

空转试验是为了考察设备安装精度的保持、稳固性以及传动、操纵、控制、润滑和液压等系统是否正常和灵敏性是否可靠。空运行应分步进行，由部件、组件、至整机，由单机至全部自动生产线，由低速逐级增加至高速，并逐项检查。

检查的内容有：设备的变速运行情况，由低速至高速逐级进行检查；检查轴承的温升，轴承的温度不得超过设计规范或说明书规定，一般情况下，温升滑动轴承不超过 60 ℃，滚动轴承不超过 70 ℃；检查设备噪声是否达标，各种自锁装置、联锁装置、分度机构、联动装置是否协调、正确；各种限位开关、安全保护装置、停车装置是否灵敏可靠。

（3）设备的负荷试验。

设备的负荷试验是检验设备在一定负荷下的工作能力。负荷试验可按设备设计功率的顺序分别进行。在负荷试验中要按规范检查轴承的温度，液压系统的泄漏、传动、操纵、控制、自动和安全装置工作是否正常，运转声音是否正常。

（4）设备的精度测试。

设备负荷实验后，按随机文件或精度标准进行加工精度试验，应达到出厂精度或合同规定要求。

设备运行实验中，要做好以下各项记录，并对整个设备的试运转情况加以评定，做出准确的技术结论。

（1）设备的几何精度、加工精度、检验记录及其他机能试验的记录。

（2）设备试运转情况记录，包括试车中对故障的排除。

（3）对无法解决的问题归类：一般分为属于设备原设计的问题；设备制造质量的问题；设备安装质量的问题；属于调整中的技术问题。

1.3　设备安装工程的管理

1. 管理的范围

（1）经验收合格入库的外购设备安装。

（2）经鉴定验收合格的自制设备安装。

（3）经大修理或技术改造后的设备安装。

（4）企业计划变动、生产对象或工艺布置调整等原因引起的设备处置。

2. 安装计划的编制及实施

（1）编制安装计划的依据。

① 企业设备规划，包括外购设备计划、自制设备计划、技措计划的设备部分、更新改造计划及工厂工艺布置调整方案。

② 安装人员的数量、技术等级和实际技术水平。

③ 安装材料消耗定额、储备及订货情况。

④ 安装费用标准，安装工时定额。

（2）安装计划的编制。

① 编制设备安装计划。根据设备规划、外购设备招投标合同的交货期、自行设计制造、改造和大修进度计划，提前做好设备的安装计划。

② 进行安装费用预算。根据安装计划预算安装费用成本。

③ 协调安装工程进度。与使用部门、安装部门等其他有关设备安装管理部门协调工程进度。

④ 下达施工和使用部门施工准备通知。

（3）安装计划实施。

设备现场安装工作流程如表 4.6 所示。

3. 设备安装工程的验收

设备安装竣工验收单如表 4.7 所示。

（1）验收人员。

由设备购置部门或主管领导负责，设备、基础安装、检查、使用、财务等部门参加。

（2）验收依据。

《机械设备安装工程施工及验收通用规范》（JBJ 23—96）；

《金属切削机床安装工程施工及验收规范》（JBJ 24—96）；

《锻压设备安装施工及验收规范》（JBJ 24—96）。

（3）验收前的准备资料。

表 4.6　设备现场安装工作流程

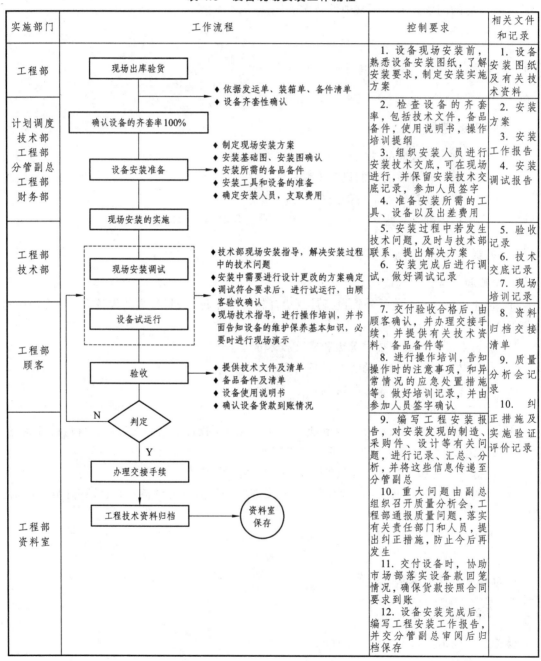

实施部门	工作流程	控制要求	相关文件和记录
工程部	**现场出库验货** ◆ 依据发运单、装箱单、备件清单 ◆ 设备齐套性确认	1. 设备现场安装前，熟悉设备安装图纸，了解安装要求，制定安装实施方案	1. 设备安装图纸及有关技术资料
计划调度 技术部 工程部 分管副总 工程部 财务部	**确认设备的齐套率100%** **设备安装准备** ◆ 制定现场安装方案 ◆ 安装基础图、安装图确认 ◆ 安装所需的备品备件 ◆ 安装工具和设备的准备 ◆ 确定安装人员，支取费用	2. 检查设备的齐套率，包括技术文件，备品备件，使用说明书，操作培训提纲 3. 组织安装人员进行安装技术交底，可在现场进行，并保留安装技术交底记录，参加人员签字 4. 准备安装所需的工具、设备以及出差费用	2. 安装方案 3. 安装工作报告 4. 安装调试报告
工程部 技术部	**现场安装的实施** **现场安装调试** **设备试运行** ◆ 技术部现场安装指导，解决安装过程中的技术问题 ◆ 安装中需要进行设计更改的方案确定 ◆ 调试符合要求后，进行试运行，由顾客验收确认 ◆ 现场技术指导，进行操作培训，并书面告知设备的维护保养基本知识，必要时进行现场演示	5. 安装过程中若发生技术问题，及时与技术部联系，提出解决方案 6. 安装完成后进行调试，做好调试记录	5. 验收记录 6. 技术交底记录 7. 现场培训记录
工程部 顾客	**验收** ◆ 提供技术文件及清单 ◆ 备品备件及清单 ◆ 设备使用说明书 ◆ 确认设备货款到账情况	7. 交付验收合格后，由顾客确认，并办理交接手续，并提供有关技术资料、备品备件等 8. 进行操作培训，告知操作时的注意事项，和异常情况的应急处置措施等。做好培训记录，并由参加人员签字确认	8. 资料归档交接清单 9. 质量分析会记录 10. 纠正措施及实施验证评价记录
工程部 资料室	**判定** N／Y **办理交接手续** **工程技术资料归档** → 资料室保存	9. 编写工程安装报告，对安装发现的制造、采购件、设计等有关问题，进行记录、汇总、分析，并将这些信息传递至分管副总 10. 重大问题由副总组织召开质量分析会，工程部通报质量问题，落实有关责任部门和人员，提出纠正措施，防止今后再发生 11. 交付设备时，协助市场部落实设备款回笼情况，确保货款按照合同要求到账 12. 设备安装完成后，编写工程安装工作报告，并交分管副总审阅后归档保存	

① 竣工图或按实际完成情况注明修改部分的施工图。

② 设计修改的有关文件和签证。

③ 主要材料和用于重要部位材料的出厂合格证和检查记录或试验资料。

④ 隐蔽工程和管线施工记录。

⑤ 重要浇灌所用的混凝土的配合比和强度试验记录。

⑥ 重要焊接工作的焊接实验和焊接检查记录。

⑦ 设备开箱检查及交接记录。

⑧ 设备安装水平、预调精度和几何精度的检验记录。

⑨ 设备的试运转记录。

验收人员要对整个设备安装工程做出鉴定，合格后在各个记录单上会签，并填写设备安装验收移交单。办理移交生产手续，办理设备转入固定资产手续（见表 4.8）。

表 4.7　设备安装竣工验收单（一）

编号：

设备名称		型号规格		安装单位	
计划投资（万元）		制造日期		制造单位	
资金来源		验收日期		安装地点	
设备质量评定意见：					
生产部 负责人：	财务部 负责人：		技术质量部 负责人：	使用单位 负责人：	

表 4.8　设备安装验收移交单（二）

编号：

设备名称		规格型号		设备编号	
制造厂家		出厂编号		安装日期	
安装地点		外形尺寸		重量	
设备费用		序号	技术资料	份数	备注
设备价格		1	说明书		
运杂费		2	出厂合格证		
安装费		3	图纸		
管理费		4	备件清单		
合计		5	附件工具清单		
附属电器及设备					
序号	名称	规格型号	数量	备注	
安装部门	使用部门	设备管理部门	财务部	验收移交日期	

注：分别交技术质量部、使用部门、设备管理部门、财务部、设备档案部门。

任务实施

项目任务：通过老师的教材和学材，制订某设备的安装工作计划的关键内容，写下关键的词和关键的流程步骤。

（1）教师布置任务：阅读分发的相关学材，分别完成砂轮机的安装工作计划和电梯门安装工作计划的关键步骤和工作流程。

（2）小组成员内部明确分工，明确职责，通过讨论、教师巡视指导、引导等方式共同协作。

（3）小组学生通过对教学内容的消化和对学材的分析提炼，对讨论的工作流程结果进行表达，制作展示流程。

（4）结果展示。

（5）砂轮机安装项目组和电梯安装项目组的同学进行交流学习，力求学生对两种不同的安装工作过程都有认识和学习。

（6）教师总结评估：对学生出示的作品本身从专业的角度进行分析、对比，尤其是对共同存在的问题进行讲评和提示。

课后作业

（1）设备的调试过程有哪些阶段，各有哪些工作任务？

（2）设备的开箱验收的内容有哪些？

（3）设备的竣工验收由哪些部门参加？有哪些项目需要验收？

（4）设备的安装过程有哪些阶段？各有哪些管理工作任务？

情境 5
设备管理专题

学习目标

（1）了解特种设备——电梯管理的特殊性，熟悉电梯安装工程项目管理概念；

（2）掌握项目管理流程，理解电梯安全管理的内容及实施方法；

（3）学习设备资产管理和档案管理的内容。

学习情境导论

电梯的安装、调试、维护、维修与前面学习的内容有相同之处，也有很多不同的地方。特种设备的管理内容是前期知识的拓展和延伸。本情境同时将前面情境中没有涉及而对设备管理工作中不可或缺的基础管理内容做一个有益的补充。

任务列表

任务1　电梯设备管理

任务2　设备的资产管理

任务3　设备档案管理

任务4　设备的经济管理与投资预测

任务1　电梯设备管理

 **任务描述**

电梯设备管理所包含内容与其他机电设备内容是相同的，但是电梯管理中的侧重点及进行管理的人员有所不同，有其自身的特点。电梯的安装工程管理及电梯的维修保养管理是电梯管理的重点，这会直接影响到电梯设备使用及寿命，也影响电梯乘坐及维保人员的生命及人身安全。

电梯的使用过程比较复杂，管理对象也特殊。电梯购买后，必须由取得资质的电梯公司进行安装。电梯的安装过程较复杂，工期也比较长，电梯安装后需要当地职能部门检验后才能运行。投入使用后，也需要由取得相应资质的电梯公司来承担电梯的日常维护工作。电梯的日常维护包括半月保养、季度保养、半年保养及年度保养。每年还需要进行年检，年检合格才能继续投入使用。这些工作都要由取得相应资质的专业公司来完成。因此，对电梯设备的管理就成为专业公司的核心工作任务。

子任务 1　电梯安装施工管理流程

编制一个电梯安装施工管理流程：电梯安装工程管理（任务描述可用文字叙述或给一张图提问之类的形式）包含两部分内容：

（1）任务说明：详细地说明工作中要遇到的这种工作，我们将这种工作转化成一种教学任务，比如某型号数控机床的维护操作。

（2）任务相关知识点：可以以条目形式列出任务知识点，如该机床维护需要进行哪些工作及涉及的知识点。

 **相关知识**

1　电梯的基本知识

电梯的定义：用电力拖动的轿厢运行于铅垂的或倾斜不大于15°的两列刚性导轨之间运送乘客或货物的固定设备。电梯作为建筑物内垂直交通运输工具的总称，是高层建筑中不可缺少的交通运输设备。

1.1　电梯的常用分类方法

1. 按用途分类

普通乘客电梯：包括垂直电梯、斜扶梯载货电梯/消防电梯。

医用电梯：为运送病床、担架、医用车而设计的电梯，轿厢具有长而窄的特点。

杂物电梯：供图书馆、办公楼、饭店运送图书、文件、食品等设计的电梯。

观光电梯：轿厢壁透明，供乘客观光用的电梯。

其他类型的电梯：如建筑施工电梯、冷库电梯、防爆电梯、矿井电梯等。

2. 按速度分类

电梯无严格的速度分类，我国习惯上按下述方法分类。

低速梯：常指低于 1.00 m/s 速度的电梯，也称丙类梯。

中速梯：常指速度在 1.00～2.00 m/s 的电梯，也称乙类梯。

高速梯：常指速度大于 2.00 m/s 的电梯，也称甲类梯。

超高速：速度超过 3.5 m/s 的电梯，也称甲类梯。

3. 按机房位置分类

上机房电梯 ：机房在井道顶部。

下机房电梯：机房在井道底部旁侧。

无机房电梯：机房在井道内部。

4. 按轿厢尺寸分类

① "小型"梯；

② 住宅客梯；

③ "超大型"写字楼、商场客梯、双层轿厢电梯等。

1.2　电梯的主要参数

电梯的主要参数指电梯的额定载重量和额定速度。

电梯的额定载重量：320 kg，400 kg，630 kg，800 kg，1 000 kg，1 250 kg，1 600 kg，2 000 kg，2 500 kg 等。

额定速度：0.63 m/s，1.00 m/s，1.60 m/s，2.50 m/s 及以上等。

1.3　电梯的组成

电梯是机与电紧密结合的复杂产品，其基本组成包括机械部分和电气部分，一般分为八大部分，如图 5.1 所示。

（1）曳引系统：输出传动力，使电梯运行，由曳引机和曳引绳构成。

（2）导向系统：保证轿厢与对重的相互位置，并限制其运动自由度，使轿厢和对重只能沿着导轨作升降运动，由导轨、导轨支架、导靴、导向轮、反绳轮构成。

（3）轿厢系统：用于运送乘客或货物的载体，是电梯运行部件之一，由轿厢架和轿厢体构成。

（4）门系统：防止坠落和挤伤事故的发生，由门电机、轿厢门、层门、开门机构、门锁装置构成。

（5）重量平衡系统：使曳引系统的原动力功率消耗减少一半，以达到节能和提高效率的目的，由对重和重量补偿装置构成。

（6）电力拖动系统：提供动力，实行电梯速度控制，由曳引电动机、供电装置、速度检测装置和电动机调速控制构成。

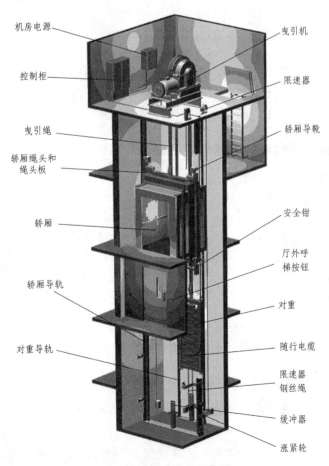

图 5.1　电梯基本结构图

（7）电气控制系统：对电梯运行实行操纵和控制，由各系统控制器、操纵装置、位置显示装置、控制柜、平层装置等构成。

（8）安全保护系统：保证电梯安全使用，防止一切危及人身安全的事故发生，由安全钳装置、限速器、缓冲器、超速保护开关、端站防超越保护和电气安全保护构成。

2　电梯安装工程管理

电梯工程项目管理就是项目的管理者，在有限的资源约束下，运用系统的观点、方法和理论，对电梯安装项目涉及的全部工作进行有效的电梯安装管理。即从项目的投资决策开始到项目结束的全过程进行计划、组织、指挥、协调、控制和评价，是以目标控制为核心的管理活动。电梯工程项目管理直接影响电梯的安装质量，电梯安装质量直接影响电梯的使用。

2.1　电梯安装工程管理

电梯工程管理包括项目施工管理、现场考勤管理、现场投诉管理、现场日常管理、工具与工具室管理、现场采购制度管理、分包及劳务控制管理、现场安装、质量过程控制管理、成品保护管理、项目关闭完成过程管理及文件管理等内容。

1. 电梯项目管理需要具备的能力及基础

（1）有一定的管理经验及有效的沟通、协调能力。

（2）有一定的书面表达和计算机应用能力。

（3）有较强的机械、电气理论基础。

（4）有丰富的现场安装工作经验。

（5）掌握电梯、扶梯的质量标准及一定的培训技能。

（6）有一定的法律知识、熟悉相关法律法规。

（7）熟悉公司项目管理流程。

（8）掌握电梯、扶梯吊装及安装工艺流程。

电梯项目管理的三个约束条件：时间、质量、成本。

2. 电梯安装工程管理的基本特征

（1）明确的目标：保证产品本身的质量，提供良好的设备安装服务。

（2）非标性质：每一个项目都是唯一的。电梯项目具有特殊性，项目的数量，规格要依据具体的大楼楼层高度、楼层、井道尺寸，客户要求等来确定，很多非标尺寸的电梯需要定制，因此项目具有唯一性。

（3）资源成本的约束性：每一项目都需要运用各种资源来实施，合理有效的利用资源，降低成本，按期完成任务。

（4）项目实施的一次性：项目不能重复，一次性完成。

（5）项目的不确定性：在项目的具体实施中，内部和外部因素总是会发生一些变化，因此项目也会出现不确定性。

（6）特定的委托人：它既是项目结果的需求者，也是项目实施的资金提供者。

（7）结果的不可逆转性：不论结果如何，项目结束了，结果也就确定了。

3. 电梯安装工程项目管理职能

（1）建立、制定施工组织机构、质量保证体系。

（2）制定项目进度计划、建立安全保证体系。

（3）编制项目管理各类文件、施工计划，进行项目各项预算。

（4）建立、制定现场安装工艺流程及各项规章制度与要求。

（5）了解业主方的管理体系和组织结构及相关责任人，建立良好的沟通渠道与关系。如有必要出席由业主召开的各项现场会议，向客户递交现场信息，了解用户的需求，提供满意的服务。

（6）执行工程的实施。检查和监督、控制工程质量，在现场与业主的及时沟通。

（7）向上级主管汇报及公司相关职能部门的协调，控制工程实施中出现的偏差，确立相应的修改方案并实施。

（8）做好工作记录及每一个工程控制的技术节点，做到施工前的技术交底及质量检查的记录。

（9）培训安装工及配套辅助的施工人员及业主电梯使用操作者的正确操作方式和解救被困乘客的应急措施。

（10）协助财务部门回笼资金。

4. 电梯设备管理的特点

（1）电梯的安装项目工程管理是电梯设备管理的重要内容。

（2）电梯的安装项目管理必须是具备相关资质的专业公司进行。

（3）电梯项目管理具有项目实施的一次性、项目的不确定性、特定的委托人、结果的不可逆转性。

（4）项目管理涉及的知识面广，体系庞大。

（5）项目管理设计的部门及人员复杂，增加了管理及沟通难度。

2.2　电梯安装管理流程

安装管理流程是现场工程项目实施必须经历的过程。对于过程中的每个环节都需要进行规范和严格的管理，并且做到可追溯性。这就需要建立一个完整、规范的统一标准模式。基本的管理流程如图 5.2 所示，包括了三个环节：项目安装的前期准备工作、项目安装的过程控制、项目竣工验收阶段环节。

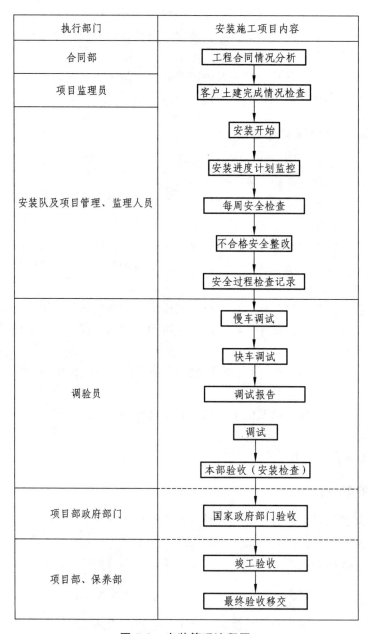

图 5.2　安装管理流程图

1. 项目安装的前期准备工作

（1）进场前的项目准备：内容包括收取安装首期款、项目接管；制定施工方案、编制施工计划；建立项目文件准备资料；构建管理组织机构及现场施工人员、确定发货日期；组织货物进场、吊装、库质方案销售、项目移交；确定项目安装分包。

（2）进场后的项目施工准备：内容包括工地接管；申报办理借用工具，劳保用品等手续；

项目成本预算；工地现场勘察；货物进场、验收、卸载；货物储存；安装开工申报；井道测量；脚手架安装确认。

2. 项目安装的过程控制

（1）项目施工过程处理：内容包括工地安装过程的进度控制和质量控制；现场日常管理，它包括现场考勤、现场投诉、安装日志；过程第三方监管、工地安全管理；现场仓库管理、工具管理；现场财务管理；分包商管理；现场安装成品保护；项目验收。

过程第三方监督：监理科监理员对样线定位、导轨支架安装、主机定位、限速器安装、层门组装、电气敷线及轿厢、钢丝绳安装进行检查，并在安装质量检查记录的相应处签名作为确认。

项目验收：由工程技术部验收员协同业主根据国家标准，调试和验收手册进行验收，并填写验收工作报告。

政府部门验收：由政府验收部门主持、检验员会同客户根据验收报告内容进行验收，填写验收报告。

（2）项目移交：内容包括项目移交准备；项目移交内容：包括部门之间的移交，客户移交，随梯文件的移交，三角钥匙及电梯钥匙的移交。

3. 项目竣工验收阶段

项目竣工：内容包括竣工验收准备；处理完成客户投诉；编写相应项目总结报告：签署完工确认单、整理项目文档资料。

2.3 项目管理的档案管理

电梯安装工程项目的档案是指在项目开始后一系列的工作中形成的文字材料、图纸、图表、核算材料、声像及电子文件等各种形式与载体的文件材料。项目档案必须是经过鉴定、整理并归档的项目文件。它能真实反映项目竣工时的实际情况和建设过程。

电梯的安装工程档案比较复杂，主要有前期的项目监控文档、销售/项目移交时的文档，安装过程检查及监控文档、政府部门验收文档。移交文档具体内容如下。

（1）前期的项目监控文档：合同资料包含电梯的销售合同、安装合同、调试合同、安装分包协议、安装图纸。

（2）销售/项目移交时的文档：销售/项目移交清单、图纸状况清单、项目通知单、销售/项目移交会议纪要、排产通知、电梯号移交表。

（3）安装过程检查及监控文档：项目前期准备需要的档案有工地拜访记录/客户往来函件、施工方案、质量计划、脚手架图/脚手架合格证明、确认函/确认单、发货指令/发货通知、收货单、项目开工、质量技术监督局开工申报、安装开始文件/工作许可证/技术安全交底/三角钥匙移交记录、工地会议纪要、进度计划表、每周安全检查/问题跟踪检查表。

（4）监控文档：开箱检查、包装清单及装箱单、安装进度实际、安装过程检查记录、物料定期检测报告、整改单。

（5）政府部门验收文档：技术监督局整改菜单、技术监督局报告及合格证。

（6）移交文档：移交报告、移交整改菜单、客户移交文件设备及工程款收款记录、通知交货日/付款通知、催款函、安装完工/付款通知、保函申请、收据申请、发票申请。

2.4　施工安全的保证措施

1. 安全措施的制定

（1）在安装队进场前，安全负责人对所有施工人员进行施工安全的教育，使他们树立安全第一的正确思想。

（2）在施工现场设立一名安全责任人，负责施工安全管理工作、参加安全会议、确保施工安全。

（3）安全责任人不在现场时，由安装组长负责各组的安全工作。

（4）施工现场，根据现场环境配置灭火设备。对于电扶梯的焊接作业场所必须配备灭火器，作业后确认没有火灾隐患才能离开现场。

（5）每个施工人员必须持证上岗，包括佩戴工作证，穿戴工作服及防护用品才能进入施工现场。防护用品包括：安全帽、安全带、手套、防护鞋等。

（6）施工用电必须使用公司经检验合格的配电箱，杜绝在施工现场乱拉乱接现象。

（7）电扶梯的各开口部将加设安全护栏，张贴安全标志，防止有人员或其他杂物掉下。

（8）在施工中，工程本部将指派专人不定期到现场进行安全检查，及时排除施工中的安全隐患，保证施工顺利进行。

（9）对于安全的应急对策，现场发生事故，公司的层级管理将发挥以下作用：各级人员应马上向上一级报告，并通知安全人员到现场处理和调查，如涉及其他施工单位的必须马上通知甲方及监理公司一同处理。

2. 安全协议的签订

（1）工程施工前，项目负责人应会同甲方、监理对现场进行安全确认工作，签订安全责任书。

（2）施工队进场施工前应会同土建方一起检查井道是否合格，若不合格应由土建方整改合格后移交我司管理，并签订"井道移交协议"确定使用人的责任。

（3）各施工小组安全责任人（组长），施工前签订本工程的安全施工管理规范（由项目负责人根据本工程制定）。

2.5　工程质量保证措施

（1）根据电梯安装工艺流程，每完成一个工序需由安装小组自检合格→上报各质量负责人进行确认→由项目负责人抽查合格后→上报监理公司→进入下一工序，如此循环操作，保证没有返工项目，确保工程质量。

（2）在整个施工期间，技术人员将不定期到达施工现场巡查，及时纠正施工中的错漏技术问题，确保高质量的施工管理。

（3）施工过程做好原始记录，做到有据可查，每道工序需有关质量负责人确认后才能进入下道工序施工。

任务实施

制定一个学校图书馆电梯详细安装工程的管理流程。

该工程任务基本情况如下：2 台电梯 6 层站无机房电梯，额定载重量：1 000 kg，速度：1.0 m/s；电梯井道的行程：21.9 m 层高；层门的开门方式：中开；开门宽度：900 mm×2 100 mm；轿厢尺寸：1 650 mm×1 450 mm×2 400 mm；井道尺寸为 2 300 mm×1 900 mm，顶层高度为 4 500 mm。

请根据学校具体情况进行任务安排和工程管理流程的编写。要求有详细的人员分工时间安排，对应各个部门的分工配合。并请阐述说明在各个流程中的重点、难度及技巧。

子任务 2　电梯设备管理

电梯设备管理：电梯是一种特种设备，电梯的日常管理包括很多内容，比如电梯维修管理、电梯日常保养管理、电梯的安全使用管理。运行中电梯的管理，电梯作为特种设备，安全管理等级不同于其他机电产品。如果对电梯的使用与管理不当，有时会危及乘梯人员以及维修人员的生命安全，也会给电梯维修公司及物业管理公司造成重大的经济损失。因此，加强电梯的安全管理至关重要。

电梯的安全使用管理是电梯日常管理的重点，要求完成电梯安全管理档案收集及整理，并对部分电梯应急演练给出实施的计划及方案。

相关知识

电梯在使用过程中必须有专业的公司进行维护保养和维修，电梯安装验收合格后保修期按规定，产品在出厂 1 年半内保修，安装质量在 1 年内保修。特殊要求可与施工单位协商决定。完好的设备是优质服务的基础。电梯设备管理的主要内容有：电梯的运行管理、电梯的维修保养、电梯的档案资料管理、电梯的年检、电梯外判管理。

1　电梯的运行管理

1.1　电梯机房运行管理内容

（1）机房门窗应完好并上锁，未经部门领导同意，禁止外人进入，并采取措施，防止小动物进入。

（2）保证机房通风良好，机房内悬挂温度计，机房温度不超过 40 ℃。

（3）保证机房照明良好，并配备应急灯；灭火器和盘车工具应挂于显眼处。

（4）做好机房防水、防潮工作，风口要有防雨措施。

（5）《电梯故障应急处理方案》和相关规定及有关警示牌应清晰并挂于显眼处。

（6）每周对电梯机房全面清洁一次，保持设备表面无明显尘土，机房及通道内不得堆放杂物。

（7）每天巡查电梯机房一次，发现达不到规定要求的及时处理。

（8）按时开、关电梯。

（9）按规定定期对机房内各种设备设施进行维修保养。

1.2　电梯运行管理规程

（1）工程部负责电梯的日常管理，并监管电梯维修保养单位的工作。

（2）每天开梯后进行一次电梯全段运行状况检查。注意轿厢、井道等设施有无湿水情况。进行定期检查时，应通知其他工程人员配合，并放置检修工作牌。搬运有可能超载的沉重物件时，应及时与保养单位联系，确定可行性，避免意外。故障及紧急事故时，采取临时应变措施。

（3）日常清洁电梯，用较干洁具及无腐蚀性洁剂清洁。"年审标志"（须在有效期内）张贴在轿厢内呼按钮上方，张贴电梯安全运行守则。

（4）运行班每天巡查电梯机房一次。严禁在电梯轿厢顶部搬运超大件物品。

1.3　电梯运行的应急管理

（1）电梯使用管理单位应根据本单位的实际情况，配备电梯管理人员，落实每台电梯的责任人，配置必备的专业救助工具及 24 小时不间断的通信设备。

（2）电梯使用管理单位应制定电梯事故应急措施和救援预案。电梯使用管理单位应当与电梯维修保养单位签订维修保养合同，明确电梯维修保养单位的责任。

（3）电梯发生异常情况，电梯使用管理单位应立即通知电梯维修保养单位或向电梯救援中心报告（已设立的），同时由本单位专业人员先行实施力所能及的处理。

2　电梯的维修保养

2.1　电梯维修保养的必要性

电梯是一种使用相当频繁的设备，在运行过程中，其主机与各零件都在发生不同程度的自然损耗。因此，经过一段时间的运行，必须要进行维修保养，减少损耗，提高可靠性，延长电梯使用寿命，节约资金。

2.2　电梯维修保养的一般要求

电梯的维修保养要正常有序地进行，须制定有关规定与要求：
（1）配备合格的维修人员，具有上岗证。
（2）必须与具有电梯维修资格的单位签订维护保养合同。
（3）制定电梯的保养维修规程、保养维修计划。
（4）定时巡查，以便及时发现故障并维修。
（5）注意钥匙的管理，防止发生人为破坏。

2.3　电梯维修保养的分类及要求

2.3.1　零　修

零修指日常的维护保养，其中包括排除故障的急修和定时的常规保养。因故障停梯接到报修后应在 20 分钟内到达现场抢修。常规保养分为周保养、月保养、半年保养和年度保养。

1. 周保养

周保养指每梯每周 1 次，每次不少于 4 小时。主要进行检查、调整为主，确保其工作正常、清洁、润滑。

2. 月保养

月保养一月保养一次。在周保养的基础上主要对电梯的各部件进行清洁、润滑、检查、特别是对安全装置进行检查。

主要内容如下：

① 限速器、安全钳无异常响声，清除表面积尘、油垢等。

② 制动器检查电磁铁芯与铜套之间的润滑情况。紧固各连接螺栓等。

③ 控制柜、励磁柜检查接触器、继电器触点烧蚀情况、检查机械联锁装置，对动作不可靠的应调整等。

④ 钢丝绳检查：钢丝绳锈蚀及磨损情况，绳头螺栓应锁紧，开口销齐备，钢丝绳张力应均匀。

⑤ 厅轿门系统：清除各部位灰尘、油污、检查吊门轮，门导轨轴承，涂抹润滑油。

⑥ 选层系统：清除各部位灰尘及油污，调整电气选层器动作间隙或准确度，为钢带轮及涨绳轮轴加油，为活动拖板导轨加注润滑油。

⑦ 导轨：对有自动润滑装置的导轨，应加注机械润滑油。

⑧ 底坑：清扫底坑杂物，清除缓冲器及各部件的灰尘，保持底坑干燥。

⑨ 安全装置检查部位：断相保护装置、超速保护装置、机械联锁装置、厅轿门机电联锁装置，急停开关，修检开关、安全窗、限位、极限开关。各安全装置应灵活可靠，无卡阻现象，清除各安全装置的油垢。

3. 半年保养

半年保养指每梯每半年 1 次，每次不少于 8 小时。侧重于重点部件的保养。主要在月保养的基础上对电梯的重点部位进行检查调整、维护保养。

主要内容如下：

① 电动机添加轴承润滑油。

② 曳引钢丝绳调整张力，平均值相差不大于 5%；钢丝绳表面油污过多，应清除。检查钢丝绳绳头组合及绳头板是否完好无损。检查钢丝绳断丝与锈蚀的情况。

③ 导靴。清洗自动润滑装置，轴承处加注金属基润滑脂。紧固导靴螺栓，固定式导靴与导轨正面间隙应符合规定。检查滑动导靴衬垫磨损超过原厚度的 1/4 时应更换。滚动轮导靴的滚轮的无异常响声，发现开胶、断裂、磨损、轴承损坏的应更换。

④ 开门机检查整个系统，转动部位填充润滑脂。开门电机碳刷磨损超过原长度 1/2 的应更换。转动系统可靠无损伤。

⑤ 导轨。检查导轨连接板、导轨压板、导轨支架、及焊接部位应无松动，无开焊，并紧固各处螺栓。清洗、清除锈蚀部位。

⑥ 接线盒及电缆。检查各接线盒，紧固各接线端子，清除其灰尘。检查电缆有无刮碰、损伤，紧固电缆架螺栓。

⑦ 极限、限位开关。对极限开关做越程试验，越程距离为 150～250 mm，销轴部位应加注润滑油。限位开关越程 50～150 mm，销轴部位应加注润滑油。

4．年度保养

年度保养每梯每年 1 次，每次不少于 16 小时。为较全面地检查保养，除半年维护保养项目外，还包含以下保养内容：

① 减速箱内齿轮油，按制造单位要求适时更换，保证油质符合要求。
② 控制柜接触器，继电器触点接触良好。
③ 制动器铁芯（柱塞）分解、检查、清洁、润滑。
④ 制动器制动弹簧压缩量符合制造单位要求，保持足够的制动力。
⑤ 导电回路绝缘性能测试符合标准，上、下行限速器安全钳联动试验工作正常。
⑥ 轿顶、轿厢架、轿门及附件安装螺栓紧固。
⑦ 轿厢和对重导轨支架固定、无松动。
⑧ 轿厢及对重导轨清洁，压板牢固。
⑨ 随行电缆无损伤。
⑩ 层门装置和地坎无影响正常使用的变形，各安装螺栓紧固。
⑪ 轿厢称重装置试验准确有效。
⑫ 安全钳钳座固定、无松动。
⑬ 轿底各安装螺栓紧固。
⑭ 缓冲器固定、无松动

为不影响电梯运行，保养工作应安排在低峰或夜间进行，同时可将连续工作分成阶段进行。

2.3.2   中   修

中修指运行较长时间后进行的全面检修保养，周期一般定为 3 年。但第 2 个周期是大修周期，如需要大修则可免去中修。

2.3.3   大   修

大修指在中修后继续运行 3 年时间，因设备磨损严重需要更换主机和较多的机电配套件，以恢复设备原有性能而进行的全面彻底的维修。如设备性能良好，周期可适当延长。

2.3.4   专项修理

专项修理指不到中、大修周期又超过零修范围的某些需及时修理的项目，如较大的设备故障或事故造成的损坏，称专项修理。

2.3.5   更新改造

电梯连续运行 15 年以上，如主机和其他配套件磨损耗严重，不能恢复又无法更换（旧型号已淘汰或已换代）时，就需要进行更新或改造。

2.4　维修工程的审批

　　除零维修外，中、大修与改造更新均列为电梯维修工程。电梯应每年进行 1 次全面普查，从而制订大、中修、改造、更新计划。经上级物业管理部门批准实施。工程结束后，须经技术检验部门验收合格后方可投入使用。其中审批注意事项：

　　（1）电梯维修单位应取得行业主管部门的资格审查，方能从事相应的维修业务。

　　（2）在维修保养及修理工程中应严格执行电梯安全操作规程。

　　（3）电梯每年由当地检测部门进行 1 次安全检测，合格后方能继续使用。

　　（4）保养时间要固定，须贴公告，使用户了解，并尽量避开节假日和上下班高峰用梯时间。

　　（5）因故障或计划修理的电梯，尽量缩短操作时间，在安全可靠的情况下只要电梯能运行，对老、弱、病、残要给予照顾。

2.5　维修队伍的要求

　　电梯是集机械、电气于一体的高技术设备，电梯维修工同样是一种技术密集型工种。他们既要有一定的文化理论知识，又要有较高的操作技艺。电梯的高效率和安全性能不但取决于先进的技术和制造、安装人员的经验，还取决于维修保养人员的知识和技巧。因此，维修应交由符合国家规定的电梯专业维修、保养公司进行。进行维修保养和检查的专职人员，应有实际工作经验，熟悉维修、保养要求，具有电梯操作人员资格证，且需主管机关资格认定合格，并达到：

　　（1）懂技术要求、质量标准、验收规范、修理组装、调度与鉴定。

　　（2）精通电梯设备的原理与构造，熟悉所管电梯的性能及图纸。

　　（3）当接到故障通知时，应快速赶到现场，正确分析故障原因，排除故障，使电梯尽快恢复运行。

3　技术档案资料的管理

　　电梯技术档案资料包括设备原始资料与维修管理的资料。

3.1　电梯设备档案

　　每部电梯均应在接管后建立单独的档案。内容包括：

　　（1）电梯验收文件：验收记录、测试记录、产品与配套件的合格证、电梯订货合同、安装合同，设备安装图与建筑结构图、使用维护说明书、遗留问题处理协议与会议纪要等。

（2）设备登记表：主要记载设备的各项基本参数与性能参数，如型号、功率、载重量等。

（3）中、大修工程记录：记载大、中修时间、次数、维修内容与投资额及工种预决算文件等。

（4）事故记录：记载重大设备、人身事故发生的时间、经过与处理结论等。

（5）更新记录：记载本梯更新时间、批准文件。

3.2 维修资料

维修资料包括报修单，运行记录，普查记录，运行月报及有关考评材料等。电梯维修管理要制定严格的规程，对不同的电梯维修管理规程有其共同点也有其不同之处。在使用和维修保养电梯时应制定出相应的管理规程，管理规程的基本内容具体有：司机和乘用人员的安全操作规程，技术档案管理制度，电梯常规检查制度，电梯定期检查与年审报检制度，维修与保养操作规程，维修人员安全操作规程，电梯应急预案，机房与井道的管理，盘车手轮使用规程，人员培训制度，意外事件紧急救援演习制度，机械锁钥匙管理制度，乘客须知，手动盘车操作规程，电梯的使用方法，电梯安全搭乘，文明搭乘规则，安全乘电梯常识，乘坐自动扶梯安全常识，设备档案概况（修理记录、一般技术检测记录、试验记录、事故记录）等。

4 电梯的安检和使用登记

（1）安装（移装）。改造后的电梯质量和安全技术性能，经施工单位自检合格后，由使用单位向电梯检验检测机构申请验收检验。检验合格后，应出具《检验报告书》和《安全检验合格》标志。

（2）县、市级质监部门对电梯日常维护保养单位实行年度安全检查制度。

质检部门明确规定：各类在用电梯定期检验周期为1年。新增电梯在投入使用前或者投入使用后30日内，应到电梯所在地的县、市质量技术监督局各区分局办理使用登记。市质监部门受理电梯使用登记申请后，在5个工作日内完成查验资料工作，符合规定的，核发《电梯使用登记证》。电梯《使用登记》标志（多改为《电梯使用安全守则》）及《安全检验合格》标志公布在设备的显著位置。

（3）《安全检验合格》标志的有效期届满前1个月，向电梯检验检测机构提出检验要求。不按规定办理使用登记、未经检验、超过检验周期或者检验不合格的电梯，不得投入使用。

（4）质监部门应对电梯的制造、安装，改造，维修，日常维护保养，检验，使用单位遵守有关法律、法规的情况进行现场安全监察，一般每年至少一次。

5　电梯外判管理

　　为什么电梯要外判管理？因电梯的特殊功能及本身运行具有的风险，电梯管理单位一般均无技术力量对电梯进行深度维护保养及更换相关的配件。

　　质检部门的强制性规定：电梯使用单位必须与具有电梯维修资格的单位签订日常维护保养合同。禁止无维修资格的使用单位自行维护保养在用电梯。

1. 电梯维保合同等方面

　　① 电梯使用管理单位应当与电梯日常维护保养单位签订日常维护保养合同。

　　② 电梯日常维护保养合同应当约定维护保养期限、标准和双方权利义务等内容。

　　③ 合同应约定保养人的素质要求、保养的周期、保养的时间段。

　　④ 维护保养单位应保证电梯的日常正常使用及通过年检。

　　⑤ 使用管理单位对电梯的维保单位的服务应有公正、公平的评估。对于未按合同内容完成的一些内容，应有处罚机制。

2. 合同内容

　　电梯应当至少每 15 日进行一次日常维护保养。电梯日常维护保养单位应当设置 24 小时服务维修救援电话，一旦发生困人或伤亡事故，应 30 分钟左右（在实际操作中还要看时段）赶到现场，并采取必要的救援措施。

案例分析

电梯发生困人故障成功解救的案例

　　事故发生：2008 年 2 月的一天上午 9:30，某大厦 B 座 2 号电梯突然在 10 楼发生故障，电梯内 6 名中年乘客被困，他们马上按响了电梯内的求救警铃。同时，监控中心也在闭路电视中发现了电梯乘客被困。

　　事故救援：值班人员马上用电梯内对讲机对被困乘客进行安抚，劝说乘客不要惊慌，同时把电视监控屏幕定位在 2 号内，随时观察电梯内的情况变化。管理处领导和电梯工接到报告，以最快的速度赶到现场，紧张而有序地进行解救工作。监控中心随时用对讲机向被困乘客通报解救工作的进展：管理处领导和电梯工已经到达现场……现场解救工作已经开始……电梯故障点已经找到……维修人员已经采取技术措施……（人处于危险之中心情都会焦躁，此时如果能及时知道有人在积极的关注和进行救援，情绪就会平静许多。）10 分钟过后，故障排除。当被困的乘客从电梯出来时，尽管脸上还流露着恐惧，但神态还算平静。管理处领导立即迎上前去，一再表示歉意，并询问有无不适，需要不需要到医院检查一下……乘客们听到管理处诚恳的话语，看到现场忙碌的管理处员工，也就表示了谅解。（常言说，礼多人不怪。在人家有可能怪罪的情况下，尤其更要礼多！）

　　事故记录及登记：处理完毕，管理处又在《管理日志》上做了详细的全程记录，包括电梯困人发生时间、报警时间、救援第一人到场时间、救援采取的措施、救援结束时间、有无损失和人员受伤等，以备查。

　　事故检查：工程部值班人员，责成维保公司人员彻查原因，做好针对性的保养维护，举一反三，检查其他电梯是否存在此类的问题。上交详细的事故分析报告。

 任务实施

　　一天深夜，某业主回到某小区 4 号居民楼，搭乘电梯回家。谁料电梯刚运行到一半，就突然失控下坠，载着某业主一直坠落到电梯井井底，某业主当场昏迷。几小时后，某业主被人发现并送入医院救治，由于出现了头痛发晕、呕吐鲜血的症状，医院诊断其为应急性胃溃疡合并出血。伤愈后，某业主随即向该小区物业管理公司索赔，要求其支付医疗费、营养费、精神损失费等。

　　请对此案例进行分析，指出电梯管理方面该负的责任和应对措施。

 课后作业

　　（1）电梯工程项目管理的三要素是什么？具体指的是什么？
　　（2）电梯工程项目管理有何特点？
　　（3）电梯的使用安全管理主要包括哪些方面？
　　（4）电梯的安全使用包含哪三方面的内容？
　　（5）在电梯安全管理中对制定电梯乘梯的警示牌有些什么要求？

任务 2　设备资产管理

任务描述

　　通过本项目的学习，结合已完成的机电专业相关课程的学习和生产实习，以某企业实际情况为基础，编制机电设备固定资产编号、台账、设备卡片、各种报表等基础资料，并能对这些资料进行合理有效的管理。内容主要包括：
　　（1）了解设备固定资产基础资料管理的重要性。
　　（2）设备分类和资产管理内容。
　　（3）能完成对固定资产编号、台账、设备卡片、各种报表的填写。
　　（4）对基础资料进行合理管理。

 **相关知识**

1 设备资产的基础资料

在现代化企业中，固定资产的种类、数量很多，尤其是设备、管线、仪器仪表等，占的比重较大，而且同类设备也较多，因此，应对这些固定资产进行编号。编号的方法应力求科学、直观、简便，便于统一管理，又应减少文字说明提高工作效率。目前很多企业已运用电子计算机来汇总、存储设备技术档案等，这成为今后企业固定资产管理的趋势。

设备编号的方法，不同行业有统一的规定。

（1）每一个设备编号，只代表一台设备，逐个编号。

（2）编号要明确反映设备类型。

（3）能明确反映设备所属装置及所在位置。概括来讲，都应遵循以下原则：一个企业中，不允许有两台设备采用相同编号。

（4）同型号设备的编号，同样按工艺顺序编排。即同型号设备编号的数字部分是不一样的，与习惯做法不同。其顺序应明确规定：由东而西（设备东西排列时），或由南而北（设备南北排列时）。

（5）编号应尽量精简，数字位数与符号应尽量简单。

（6）用金属板制作设备编号牌并安装在设备明显位置上，便于企业账物检查。

（7）企业的编号原则和方法应一致。当企业设备编号后，应编制出企业统一的设备一览表，并应保持稳定。如果设备调出或报废，发生空号，可在设备档案或一览表中注明。若新增设备，则可以新增编号，或填补空号。

建立和完善设备资产管理的基础资料，是确保企业设备资产管理工作正常开展的重要组成部分。设备资产管理的基础资料包括资产编号、设备资产卡片、设备台账、设备档案、设备统计及定期报表等。

1.1 机电设备的分类

生产企业固定资产（以纺织设备为例）的分类如图5.3所示。

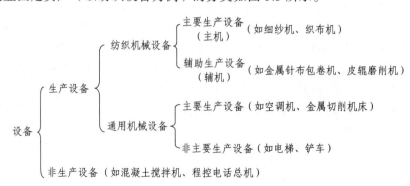

图 5.3　生产企业固定资产分类

1.2　企业固定资产编号

　　企业固定资产的种类、数量繁多，尤其是设备、管线、仪器仪表占有的比重较大，而且同类设备也较多。为了便于设备的资产管理，每一台设备都应该设有编号，编号的方法应求科学、直观、简便，便于统一管理。

　　设备编号的方法，应因不同行业而各有统一的规定。对于纺织企业而言，根据《纺织工业企业设备管理制度》第二十九条规定，企业应建立能反映设备数量、价值、技术特征、维修改造动态变化的设备卡片和设备台账，并定期核对，做到记录正确，账、卡、物三相符。为便于管好设备固定资产，必须给固定资产编号。由于纺织设备种类繁多，型号规格各异，为了使设备系列清楚，容易识别，方便管理，纺织厂固定资产采取分类编号的方法，一般采用五位数三节分类法，如图 5.4 所示。

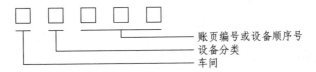

图 5.4　纺织厂固定资产编号

1.2.1　纺织设备的表示方法

1. 主机和仪器仪表表示法

主机和仪器仪表都由类号、种号及顺序号三部分组成，如图 5.5 所示。

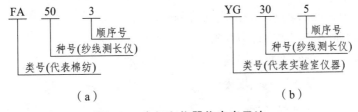

（a）　　　　　　　　　　　　　　　　（b）

图 5.5　主机和仪器仪表表示法

2. 辅机表示法

辅机是由类号与种号之间加上辅机固定代号 "U"，如 FU731 —— 纱线自动扎绞机（见图 5.6）。

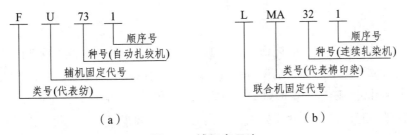

（a）　　　　　　　　　　　　　　　　（b）

图 5.6　辅机表示法

3. 联合机表示法

联合机由 4 四种代号组成，由类号、种号、顺序号之前加上汉语拼音代号"L"，如 LMA321 ——连续轧染联合机。

4. 滋生代号表示法

滋生系列产品型号是在主机型号后面附加一个滋生代号，一般用 A，B，C，D…表示制造年代的先后顺序，如 FA272A、FA272B 型并条机。

5. 系列型产品型号

在主机型号后面加注基本参数，中间用"-"为连接号。如 FA186-600 型、FA631-75 型捻线机。

1.2.2　设备编号原则

（1）每一个设备编号只代表一台设备。

（2）编号要明确反映设备类型。

（3）能明确反映设备所属装置及所在位置。

（4）编号的起始点应是原料进入处，结尾点应是半成品或成品出口处。

（5）同型号设备的编号，亦需按工艺顺序编排。其顺序应明确规定为：由东向西（设备呈东西排列时），或由南向北（设备呈南北排列时）。

（6）编号应尽量精简，数字位数与符号应尽量简单且少。

一个企业的编号原则和方法应一致。当全厂设备编号后，应编制出全厂统一的设备一览表，并保持稳定。如果设备调出或报废，发生空号，可在设备档案或一览表中注明。若新增设备，则可新编编号，或填补空号。

1.3　设备卡片

设备资产卡片是设备资产的凭证，在设备验收移交生产时，设备管理部门和财会部门均应建立单台设备的资产卡片，登记设备编号、基本数据以及变动记录，并按使用保管单位的顺序建立设备卡片册。随着设备的调动、调拨、新增和报废，卡片位置可以在卡片册内调整、补充或抽出注销。通常设备卡片一式两份，由管理部门和车间各存一份。卡片样式如表 5.1 所示。

表 5.1　固定资产卡片

总账科目：＿＿＿＿＿＿＿＿　本卡编号：＿＿＿＿＿＿＿＿

明细科目：＿＿＿＿＿＿＿＿　财产编号：＿＿＿＿＿＿＿＿

中文名称			抵押行库				
英文名称			设定日期				
规格型号			解除日期				
厂牌号码			险　别				
购置日期		抵押权设定、解除及保险记录	承保公司				
购置金额			保单号码				
存放地点			投保日期				
耐用年限			费　率				
附属设备			保险费				
			备　注				

日期	凭单号码	摘要	单位	数量	资产价值			每月折旧额
					借方	贷方	余额	

1.4　设备台账

　　设备台账是掌握企业设备资产状况，反映企业各种类型设备的拥有量、设备分布及其变动情况的主要依据。一般有两种编排形式：一种是设备分类编号台账，它是以《设备统一分类及编号目录》为依据，按类组代号分页，按资产编号顺序排列，便于新增设备的资产编号和分类分型号统计；另一种是按照车间、班组顺序使用单位的设备台账，这种形式便于生产维修计划管理及年终设备资产清点。以上两种设备台账汇总，构成企业设备总台账，如图 5.7 所示。

　　凡是高精度、大型、重型、稀有、部控与进口的生产设备均应另行分别编制台账。有的还要按各产业部门的规定上报主管部局。

　　按照财务管理规定，企业在每年末应由财会部门、设备使用部门和设备管理部门一起对资产进行清点。要求做到账、账相符，账、卡、物相符，如有不符，要查明原因，提出盈亏报告，进行财务处理。

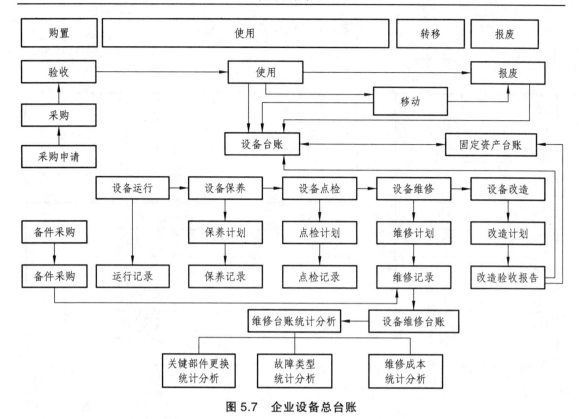

图 5.7　企业设备总台账

2　设备固定资产计价

设备固定资产按货币单位进行计算，即为设备固定资产计价。在设备固定资产核算中，根据不同情况使用以下不同标准：

1. 设备原值

设备原值又称设备原始价值，是企业在建造、购置某项固定资产时实际发生的全部支出，包括建造费、购置费、运输费和安装调试费等。设备原值是反映设备固定资产的原始投资，是计算折旧的基础。

固定资产原值按下列规定计算：

（1）购入的固定资产，按照实际支付的买价或售出单位的账面原价（扣除原安装成本）、包装费、运杂费和安装成本等计价。

（2）自行建造的固定资产，按照建造过程中实际发生的全部支出计价。

（3）其他单位投资转入的固定资产，按评估确认或合同、协议约定的价值计价。

（4）融资租入的固定资产，按租赁协议确定的设备价款、运输费、途中保险费、安装调试费等计价。

（5）在原有固定资产基础上进行改建、扩建的固定资产，按原有固定资产账面原价，减去改建、扩建中发生的变价收入，加上出于改建、扩建而增加的支出计价。

（6）接受捐赠的固定资产，按同类资产的市场价格或捐赠方所提供的记账凭据和接受捐赠时所发生的各项费用计价。

（7）盘盈的固定资产，按重置完全价值计价。若企业为取得固定资产而发生了利息支出和有关借款费用、外币借款折合差额，在固定资产尚未交付使用或已投入使用但尚未办理竣工决算前计入原值。在此后发生的，计入当期损益。

2. 净　值

净值又称折余价值，是设备固定资产原值减去其累计折旧的差额。它反映继续使用中的设备固定资产尚未折旧部分的价值。通过净值与原值的对比，可以大体了解设备固定资产的新旧程度。

3. 设备重置价值

重置价值又分为重置全价和重置净价。设备重置全价，即完全重置成本，是指按当前生产条件和价格水平，重新购置与原设备相同或功能相似的全新资产所需支出的全部费用。重置净价是指设备固定资产现时拥有的价值，可按下式计算：

某设备固定资产重置净价 = 该设备资产重置全价 - 该设备资产已发生的各类损耗

重置价值一般用于企业获得馈赠或核查无法确定原值的设备资产或经主管部门批准对设备资产进行重新评估时，作为计价标准。

4. 增　值

增值是指在原有设备资产的基础上进行改建、扩建或技术改造后增加的设备资产价值。设备增值额为进行技术改造而支付的费用减去过程中发生的变价收入。设备大修工程不增值，若在大修的同时，用更新改造基金（或专项拨款、专用借款）进行设备技术改造所支出的部分，应增加设备资产原值。

5. 残值与净残值

残值是指设备资产报废时的残余价值，即报废资产拆除后余留的材料、零部件或残体的价值。净残值为残值减去清理费用后的余额。按财政部 1992 年 12 月 30 号发布的《工业企业财务制度》规定，净残值按固定资产原值的 3% ~ 5% 确定。

任务实施

情境设定：对×××纺织设备进行分类，并完成固定资产编号、台账、设备卡片、各种报表的填写。

任务分配：按照"设备管理科"、"生产车间"、"财务科"等角色进行分组，每组组长为各部门的负责人，将任务分配给组内成员，采用"独立+交叉"工作模式完成任务。

任务3 设备档案管理

 **任务描述**

任务说明：

设备档案是鉴定评价设备技术状态的科学依据，是设备正常运转并处于良好状态的重要保障，同时也是设备管理、使用、修理的重要依据。设备技术资料的管理，必须认真全面系统地建立，并不断地整理和完善，妥善保存和合理使用。设备档案管理人员担负着设备技术资料的收集、记录、填写、积累、整理、鉴定、归档、统计、提供利用的任务。

任务相关知识点：

（1）认识设备档案管理的重要性；

（2）了解设备档案管理的内容；

（3）学会设备档案资料的收集；

（4）掌握设备档案资料的整理归档方法；

（5）学会制定设备档案资料的借还记录。

任务实施方式：

本次课堂内容以小组为单位针对某一具体设备进行设备档案的实战训练，以此使学生掌握档案管理工作内容和过程，同时提高学生团队协作、相互沟通，独立思考及解决问题的能力。

 **相关知识**

1 档案管理的基本内容

设备档案是指设备从规划、设计、制造、安装、调试、使用、维修、改造、更新到报废的全过程所形成的图纸、文字说明、凭证和记录等文件资料，通过收集、整理、鉴定等工作归档建立起来的动态系统资料。设备档案是设备制造、使用、修理等工作的一种信息方式，是设备管理、使用与维修过程中不可缺少的基本资料。

企业设备管理部门应为每台主要生产设备建立设备档案，对精密、大型、重型、稀有、关键、重要的进口设备，以及起重设备、压力容器等设备档案，要重点进行管理。

1.1　设备档案管理的内容

1. 国产设备档案

（1）设备选型和技术经济论证报告；

（2）设备购置合同（副本）；

（3）设备购置技术经济分析评价；

（4）自制专用设备设计任务书和鉴定书；

（5）检验合格证；

（6）设备装箱单及设备开箱检验记录；

（7）设备安装调试记录和验收移交书；

（8）设备使用初期管理记录；

（9）设备登记卡片；

（10）开动台时记录；

（11）使用单位变动情况记录；

（12）设备故障分析报告；

（13）设备事故报告；

（14）定期检查和监测记录；

（15）定期维护和检修记录；

（16）大修竣工验收记录；

（17）设备改造记录；

（18）设备封存（启用）；

（19）设备报废记录；

（20）其他。

2. 进口设备档案

进口设备档案还应增加以下内容：

（1）订货合同、协议及有关进口事务的函件与单据；

（2）装箱单译文；

（3）说明书与附件原文及译文；

（4）随机图纸、备件图册原件与译制图；

（5）设备润滑、冷却材料与国内产品牌号对照或化验报告；

（6）设备备件与国内型号对照表；

（7）进口设备索赔资料（复印件）。

1.2 设备档案管理的工作内容

资料的搜集，指搜集与设备活动有直接关联的资料。如设备经过一次修理后，更换和修复的主要零部件的清单、修理后的精度与性能检查单等，这些对今后研究和评价设备的活动有实际价值，需要进行系统的搜集。

资料的整理，指对搜集的原始资料，要进行去粗取精、删繁就简地整理与分析，使进入档案的资料具有科学性与系统性，提高其可用价值。

资料的利用，只有充分使用，才能充分发挥设备档案的作用。为了实现这一目的，必须建立设备档案的目录和卡片，以方便使用时查找与检索。

设备档案资料按单机整理存放在设备档案袋内，设备档案编号应与设备编号一致。设备档案袋由专人负责管理，存放在专用的设备档案柜内，按编号顺序排列，定期进行登记和入档。同时还应制定相应的设备档案管理制度：

（1）制定设备档案的借阅办法，原则上设备档案只供查阅，不许外借；

（2）非经设备档案管理人员同意，不得擅自抽动设备档案，以防丢失；

（3）转入固定资产的设备应及时建档；

（4）库存档案不齐全，应采取措施收集补齐；

（5）设备调拨时，档案随设备调出或调入；

（6）报废时，有价值部分可转入有关部门保存；

（7）按设备档案归档程序做好资料分类登记、整理、归档；

（8）加强重点设备的设备档案管理工作。

1.3 设备档案管理的常见问题

目前企业设备档案管理常见问题有：

（1）设备使用阶段档案收集不全。如设备日常管理记录收集不全。一方面，操作人员不及时整理移交，管理人员不及时催促，日积月累造成原始记录堆积；另一方面，有些归档人员认为日复一日的原始记录内容千篇一律，没有引起足够重视，造成存档不完整。

（2）设备检修期间档案文件管理薄弱。如设备检修现场管理指导不到位，设备检修期间缺乏深入现场指导；新购设备时，虽然对较大的机组和重要设备在收集时会引起各方面的重视，但对一些小型设备由于其体积小、价格低、安装简单，收集文件时就不够上心，这部分资料的遗缺为设备的维护保养和生产装置的安全运行埋下隐患。

（3）设备档案文件管理环节薄弱，比如档案文件借出后，归档不及时、不规范等。

针对上述问题，企业设备档案管理人员应做到：随时收集，集中归档；深入现场，管理到位；严格要求，及时存取；加强学习，提高业务能力。

2　档案的计算机管理

计算机设备管理系统作为企业管理信息系统的一个子系统，主要是利用计算机快速处理能力为企业设备管理提供决策信息的系统。通过该系统可及时、准确地控制企业的设备管理状态，充分利用设备系统的资源，如设备、人力、资金等。通过该系统还可以对设备工程中的复杂任务迅速作出评价，为企业领导层决策提供准确的依据，有利于及时采取措施，保证企业实现经营目标。

企业计算机设备管理系统一般主要包含以下几个子系统。

1. 设备前期管理子系统

设备前期管理主要是企业设备投资和设备技术改造的规划，包含设备投资的技术经济分析、设备采购计划、设备技术改造项目及计划、设备更新项目及计划、合同管理等内容。

2. 设备资产管理子系统

设备资产管理主要是各类设备台账的处理，主要包含设备的固定资产、设备的折旧、设备的报废和设备的役龄管理等。

3. 设备修理和维修管理子系统

该管理子系统一项重要的基础工作就是收集与设备维修活动有关的一切数据和信息，并进行必要的加工和处理，得出正确的信息，为制订设备维修计划提供依据。计算机还可以对有关的设备维修信息进行记录、统计、分析，从中发现设备维修的规律，为合理制订维修周期、避免过度维修和为杜绝维修不足提供有用的信息。该管理子系统主要包含编制修理计划、了解修理计划的执行和完成情况、统计修理时间和停台时间、修理定额和修理费用管理等内容。

4. 设备状态管理子系统

设备状态管理子系统主要是对设备运行状态的监测管理，主要包含设备状态的监测数据管理、设备运行状态的监测报警、设备故障管理、设备事故管理、设备完好与设备利用率、设备的润滑管理等内容。

5. 设备备件管理子系统

备件管理子系统的管理目的是保证日常生产和设备维修的需要,尽量减少备件库存费用。

6. 设备管理组织和人员管理子系统

主要包含管理组织设置，设备管理者、设备维修和操作人员的合理配置，岗位技术培训，有关人员的素质状况的动态管理等内容。

一般的设备管理软件开发公司，将以上的六个系统统一做成一个集成软件，使软件具备以下功能：

（1）前期管理资料可以是 Word、Excel、图片等各种格式，可以是设计资料、检修资料、验收文件等，可提供主要关键字查询、按文档类别查询、按内容摘要查询到相关文档。

（2）设备查询和排序：有多种查询、统计和分析方式，任一种查询均可打印出明细表和汇总表，或以自定义表格的形式输出。可以根据附件查找相关设备。

（3）数据的导出：将固定资产数据导出到 Excel。

（4）系统中可汇总生成各种设备统计分析报表。维护工作在日报、日志中记录外，所有的维护工作均需以工作单（作业计划单）的方式完成。系统提供包括工单生成、工单安排、工单完成和工单验收等几个环节。

（5）可以按设备类别或单台设备定义需要记录的运行参数项目、标准值的范围、可记录运行参数等汇总计算单台设备或部门的运行分析指标。

（6）备件管理系统可以管理多个备件或辅料库，并进行库存和资金分析。可以供全公司使用，也可供各部门使用。为正确使用和统计备件情况，系统提供全公司对备件建立统一编码的系统管理功能。

（7）设备综合查询：可根据用户设定的条件，按单台设备查到设备的资产、维护、维修、事故、故障等曾经发生的所有记录。可根据用户设定的时间段，按日、周、月、季及任意时间段，查到和提示在各项计划中要做的工作和完成情况。

（8）系统可以由用户自定义设备的分类，多种属性，部门的设置和报表的设计，可以适应用户设备管理多层面的需要。系统已经定义了几百种设备的常用技术参数，用户可以在此基础上根据本企业的设备类型定义相关的技术参数，在台账中该类设备就可以直接方便地取用。用户的权限设置可以根据管理的需要，将可以操作的模块和设备的范围分配给使用本系统的用户。

计算机设备管理系统的应用提高了企业设备管理水平。设备管理者可以应用设备管理信息系统，对来自企业内外的信息进行处理，综合分析，对企业设备管理的状况可随时作出判断，为企业的设备改造更新和设备投资规划提供有关数据，作为企业决策层的决策依据。

 **任务实施**

设备档案管理资料的收集、整理、归档。

任务名称：

制定_____设备的材料档案

任务安排：

（1）教师分配各小组的设备档案编制任务，发放设备档案管理表格、PPT、讲义等资料。

（2）每组领到任务后，进行组内讨论，并按各自特点进行任务的分配及后续工作的计划安排，最终达成一致意见后，选出组内发言人对其结果进行公布。

任务要求：

根据具体的任务，进行设备档案资料的收集、分类、整理，制定相应的设备档案。

实施方式：

（1）设备档案管理资料的收集。包括以下项目（参考）：

① 出厂合格证及出厂精度性能检验记录（原件）；

② 装箱单及随机附件，工具明细表（原件）；

③ 设备进厂开箱检验单；

④ 设备安装移交验收单，设备运转试验记录，精度检查记录；

⑤ 设备安装基础图；

⑥ 设备定期精度，性能检查及运转情况记录；

⑦ 设备项修、大修完工报告及质量检查记录；

⑧ 设备修理的备件图纸及管件尺寸、结构更改记录；

⑨ 设备封存单、启封单；

⑩ 设备改造申请书等。

（2）设备档案管理资料的整理归档。

① 填写存档资料记录卡；

② 填写仪器设备相关手册存放记录表；

③ 填写设备主要技术性能；

④ 填写附属设备及计量仪表；

⑤ 填写设备易损件清单；

⑥ 填写设备开箱检查验收单；

⑦ 填写设备安装情况记录；

⑧ 填写设备调试验收单；

⑨ 填写设备保养维修记录；

⑩ 填写设备事故报告；

⑪ 整理鉴定证书及确认说明；

⑫ 整理出厂报告。

（3）各小组总结本次实践的经验教训。

① 好的方面；

② 不足之处；

③ 改进措施。

评　价：

（1）分组展示各组的设备档案编制成果，并总结本组的实训心得（包括优点与不足）。

（2）教师对今天的课程进行总结，并说明课后的任务安排及计划推进的工作。

课后作业

（1）简述设备档案管理的内容。
（2）简述设备档案的具体工作要求。
（3）谈谈你对设备档案管理的看法。

任务4　设备的经济管理与投资预测

任务描述

现代设备管理包括两方面的含义：一方面，对设备的物质形态进行全过程的管理；另一方面，追求设备周期寿命费用的经济性，这就要求设备管理必须对设备进行科学的经济规划和投资预测管理。具体原因有以下几点：

首先是时间变化。随着时间的变化，企业各系统的状态可能改变，比如：人员可能进行调整，操作者的水平可能提高或者降低；其次是物质条件的变化，比如：资金短缺、企业财务出现紊乱；再次是受市场因素的干扰、市场竞争等因素的影响，迫使企业必须对设备系统作调整和改造。所以，设备经济管理的一项经常性的工作，仅在一个生产循环中可以认为它是初始阶段，而整个不断反复循环的再生产过程中，设备规划贯穿于企业管理始终。

随着科学技术的发展，企业为了追求更大的效益，生产规模越来越大，所用的设备日趋大型化、精密化、复杂化，固定资产所与的比重也在日益增大，设备的使用维修费用在产品成本中占了很大的份额。因此，设备规划在企业技术上显得至关重要。

设备的经济管理主要是研究设备的投资问题。作为固定资金主要部分的设备投资，要考虑它的投资额、投资效益、回收期、投资来源等问题。

企业进行设备投资的目的，在于获取比银行利率更大的收益，而这时要冒企业经营失败的风险。因而在对设备投资方案的评价中，还要进行风险分析，否则还不能算是一项完善的可行性研究，不能给决策者者提供可信服的参考意见。

**相关知识**

1　现代设备的经济规划

设备规划是设备整个寿命周期过程中的初始阶段。在这一阶段中，企业决策者应从两方面选择所需的设备方案：一是设备实物形态的性能和结构方案，即技术方案；二是设备固定资金运动形态的投资方案，即经济办案，并使这两方面相互协调。方案的选择是为了使设备系统更好地适应企业系统环境。

1.1　设备规划的内容

　　设备规划是指根据企业经营方针、目标，考虑生产发展和市场需求、科研、新产品开发、节能、安全、环保等方面的需要，通过调查研究，进行技术经济的可行性分析，并结合现有设备的能力、资金来源等综合平衡，以及根据企业更新、改造计划等而制订的企业中长期设备投资的计划。它是企业生产发展的重要保证和生产经营总体规划的重要组成部分。企业设备规划即设备投资规划，是企业中、长期生产经营发展规划的重要组成部分。制定和执行设备规划对企业新技术、新工艺的应用，产品质量的提高，扩大再生产，设备更新计划，以及其他技术措施的实施起着促进和保证作用。

　　设备规划主要包括企业新增设备规划和企业现有设备的更新改造规划两大部分。

　　企业的目标是决定性的因素，企业目标包括：产品的生产目标和企业的利润目标。这里既包括了绝对量（产量、产值、利润等），也包括了相对量（生产率、资金利润等），并且以此为依据去决定设备的工艺方法、设备种类、型号、数量、可靠性、维修方式、改造和更新等技术方案，以及设备的投资、折旧、经济寿命、更新决策等经济方案。

　　由于影响设备状况的因素较多，一般来说任何一个企业目标都不会只有唯一的设备方案，因此，在设备规划阶段应进行各种方案的技术经济评比，选择最优的方案。调查研究、方案评比及优化、方案的决策及实施，以及在实施中继续修改和完善方案，这就是设备规划的一般过程。可行性研究报告就是反映这一过程的文件形式，它是整个企业投资项目可行性研究的一个重要组成部分。

1.2　设备投资经济评价的依据

　　现在就对企业经营管理常常需要进行考虑的几个问题加以阐述，以作为在设备投资评价的依据。

1.　市场预测

　　市场预测是投资决策的原始依据。购置设备的目的是生产产品，设备选择是否适当、是否具有生命力，首先要通过产品的市场预测才能做出判断。设备生产的产品是否适应市场的需求，市场的需求量多大，持久性如何，这些问题初步指明了办企业的前景，也是设备投资的前景。设备投资的可能性、投资规模、预计投资回收期等主要取决于这几个问题所提供的参考信息。同时，产品售价上下浮动的幅度预测与相同功能的其他企业或设备所做的技术经济比较也是十分重要的，市场竞争迫使企业的决策者对市场预测予以重视。

企业除了预测产品的销售市场外，还需要了解人员、物资供应等状况，即投入的因素也要有市场。如果劳动力、原料、能源、资金等市场发生短缺，那么设备投资问题还是不能被解决。

2. 折旧政策

关于折旧，在本书以前的章节进行了叙述。

在设备投资评价中，折旧政策是个重要因素。折旧率一旦确定就不能随意更改，以免造成财务上的混乱。另外，折旧费不作为现金流人或流出，因为它本质是过去已经创造的价值物化到固定资产上的，而不是现阶段生产过程中的一种创造或增值。当折旧期终止后，设备可能继续在运转，其账面价值已经销去了，但这时也绝非无偿地使用设备，因为设备使用的其他项目和维修费仍然存在。

由于设备的自然寿命通常大于它的折旧期，所以在折旧终了时它的使用价值依然存在。

3. 国家财政措施

国家政策对于固定资产投资起着重要的作用，国家通过它的政策来指导和干预设备预案。其主要手段有以下 3 个方面。

（1）实行合理的税收制度和税率。国家用税收的形式对企业投资进行间接控制，在宏观上指导投资方向。比如：为抑制某些行业而采取高税率，为扶植边穷地区而实行税收减免政策等。

（2）规定某些强制件的折旧政策。根据科学技术的发展趋势和具体的形式，用不同的折旧率来控制设备的投资过剩。例如，我国部委曾公布淘汰产品的目录，禁止再行生产。美国政府在里根执政期间也对税率和设备折旧率有强制性的规定，为振兴美国工业创造了有利的条件。

（3）银行的干预和监督。因家通过中央银行和各种专业银行对设备投资的资金信贷进行干预和监督。

总之，在企业进行设备投资评价时，对上述的背景材料必须有一个充分的了解，它反映了社会、环境对于公司、企业投资行为的一种制约能力。企业必须在这个大系统中生存发展，任何公司和企业都是无法回避的。

1.3 设备投资规划应预估的内容

进行设备投资方案的评价不仅仅涉及设备本身的购量价格。从设备系统工程的观点来看，设备规划工作者要对下列的各项费用和数据有一明确的了解，以便于对每一种投资方案所引出的一系列不相同的资金支出进行量化。所涉及的项目如下：

（1）固定资产支出项目：包括征地费、勘测费、场地清理费、配套建筑物设施费、动力设备费、设备基础费、机械设备购置费、安装费、设备运输费、工具夹具费、人员管理设施费、研究开发设计费、技术咨询专利费等。

（2）有关流动资金支出项目：备件库存及费用、在制品价值、协作委托应收之的费用。

（3）旧设备的残值及清理费用：在设备进行更新时，对于残值的处理一般是作为当年的一项收入计人现金流量的。但此项目收入必须在实现其价值（如转让、拆装、修旧利废等用途）之后才可以计入，同时还必须减去其清理费用。

1.4　设备投资的经济评价方法

设备投资的经济评价方法分为静态计算法和动态计算法两类。在暂时不计资金的时间价值问题，缺乏关于整个寿命周期各项费用的依据时，从简便、直观和容易掌握的要求出发，方案的初步评价时应用静态方法。反之，为了作出比较精确的费用估计，则必须从资金与时间的关系出发，以寿命周期全过程为时间范围进行动态的计算方法。

1. 投资收益率

设备安装使用后达到正常水平的年份称为"达产年"，资收益率是达产年份的净收益与初期投资（包含设备投资和流动资金）的比值，即

$$R = (F + Y + D) / I \times 100\% \tag{5.1}$$

式中　R——全部投资收益率；

　　　F——达产年份的销售利润；

　　　Y——达产年份的贷款利息：

　　　D——折旧费；

　　　I——总投资（设备投资和流动资金之和）。

式（5.1）是根据投入产出计算效益的基本原理得出的：投产后的销售利润在数量上等于产品售价减去成本和税收。贷款利息是指设备折旧可能获得的利息。

2. 静态投资回收期（返本期）

投资回收期与折旧期是两个含义不同的时间概念。回收期又叫返本期，在此期间，设备开始投人生产，一切与设备使用有关的支出费用都从产品销售的税后纯利润中得到了补偿。设回收期为 T 年，则

$$T = K / A_b \tag{5.2}$$

式中　K——关于此项设备的总投资；

　　　A_b——年度收益（ A_b = 销售收入 – 税金 – 成本）；

　　　T——投资回收期（年）。

回收期是指净现金流量累计总额与总投资相抵（即总流入与总流出达到平衡）时的时间间隔。净现金流虽的累计值等于零或出现正值的年份便是设备投资回收期的最终年份。不足

一整年的部分可以用上年累计净现金流量的绝对值除以当年的现金流量求出。即

$$投资回收期 = 净现金流量的累计值出现正值的年份 + 上年累计净$$
$$现金流量的绝对值 / 当年净现金流量$$

【**例 5.1**】某设备项目总投资 20 万元，投资回收期从项目建设期算起，项目第二年投产。每年折旧费 1.6 万元，投产年开始，各年之收益及为收回投资的金额如表 5.2 所示。从此表可知，全部投资的绝大部分已于第 4 年收回，第 5 年收益大于未收回之投资额。

解　设备投资回收期 $T = 4 + 46\,000/58\,000 = 4.8$（年）

表 1　投资回收期计算表　　　　　　　　　　　　单位：元

年份		利润+折旧	收益	未收回投资额
建设期	0	0+0	0	200 000
生产期	1	− 3 000+16 000	13 000	187 000
	2	16 000+16 000	32 000	155 000
	3	35 000+16 000	51 000	104 000
	4	42 000+16 000	58 000	46 000
	5	42 000+16 000	58 000	− 12 000

以投资回收期为评判依据评价投资项目时，需将计算所得之投资回收期与同类项的历史数据和投资者意愿确定的基准投资回收期加以比较，如前者大于后者，项目不可行，反之则可行。

3. 动态经济评价方法

（1）动态投资回收期。在考虑资金的时间因素的条件下，对于静态投资回收期进行修正，其方法是在每个年份的各种资金数额上乘以当年的折现系数。

（2）净现值法（NPV）。净现值是反应设备投资后在整个建设和投产年限内的获利能力的动态指标。它将各年度发生的净现金流量（现金流入和流出之差）按照一定的折现率或基准收益率折现到基准年的所有净现值之和。通常取设备投资开始执行的年份为基准年。

$$NPV = \sum_{i=0}^{n}(CI - CO)_i \alpha_i \tag{1-3}$$

式中　CI ——现金流量；

　　　CO ——现金流出；

　　　$(CI - CO)_i$ ——第 i 年的净现金流量；

　　　α_i ——第 i 年的折现系数；

　　　n ——设备开始投资至使用期末的年限综合。

NPV 可通过现金流量表的现值计算来得到。当 $NPV > 0$ 时，表明企业除取得按折现率得到的投资收益外，还得到一笔等于 NPV 的现值收益。当 $NPV = 0$ 时，则投资方案的收益率和折现率相等。当 $NPV < 0$ 时，表明企业的投资收益率低于折现率，但并非说投资无利可图。

所以，在多方案评比中可选择 NPV 的数值较大者为优先的方案。

4. 费用效益分析法（CBA）

在静态经济评价方法中，虽然也从投入产出的角度来研究投资效益，但那是不全面的。我们在给出简单投资收益率这个概念时只考虑设备的初期投资，在效果方面也是只考虑到设备达到达产年份的产品产出的净收益。为了避免上述缺陷，最好的方法就是考虑整个寿命周期的投入和产出，即以寿命周期费用为投入的度量，并以这个时期的产品总量作为它的效益或产出的度量。以此得出设备的寿命周期费用效益的概念。

$$绝对费用效益＝产品效益－寿命周期费用$$
$$相对费用效益＝绝对费用效益/寿命周期费用$$

费用效益分析是对设备方案进行技术经济分析中的一个十分重要的综合指标。但在作设备投资规划方案时，由于存在许多不可预测的因素，使我们无法将这种分析计算做得精确，仍然只有大概预算的性质。

2　设备投资预测

设备规划过程中，许多因素是随时间推移而变化的，这些因素即规划中的不确定因素。这些因素何时变，变化幅度多大，事前可能预见得到，也可能预见不到。由于不确定性因素是客观存在的，它将使有关设备的技术经济规划发生偏差或波动。在技术上，为适应这种波动，必须使设备功能留有余裕。在经济上，则需对这些不确定性因素波动的后果作出定量的分析，以判断投资的可行性。因此，规划者应能够预测今后若时间内变动的大致范围，使方案更趋合理，减少投资风险。综上所述：对设备投资进行预测是非常有必要的。

对设备投资方案影响较大的主要有：

① 产品的产量、销售量及售价；

② 设备购置费的变化；

③ 因调整企业目标利润而改变设备的寿命周期；

④ 可变成本的增减幅度；

⑤ 不变成本的调整幅度等。

进行不确定性分析的方法主要有：

2.1　数值的加权计算

按统计分布对不确定因素的估计方法是将数值进行综合加权处理。设 r 为数值加权计算

的平均结果，则

$$r = (a+4m+b)/6$$

式中　a——估计的最大值；

　　　b——估计的最小值；

　　　m——最可能值。

【例 5.2】 某设备投资的收益率最乐观的结果为 25%，最悲观的结果是 12%，最可能的结果是 20%，问加权平均值为多少？

解

$$r = (a+4m+b)/6 = (25\%+4 \times 20\%+12\%)/6 = 17.16\%$$

2.2　盈亏平衡分析

这是一种最常用的技术经济分析方法，其基本原理是假设一项设备投资方案实施后，产品产量等于销售量（无库存）；销售收入（售价）和总成本（支出）均为产量的函数；在盈亏平衡点上，总收入 = 总支出。

盈亏平衡分析模型：

$$I = S-(C_v \times Q+F) = P \times Q-(C_v \times Q+F) = (P-C_v)Q-F$$

式中　I——销售利润；

　　　P——产品销售价格；

　　　F——固定成本总额；

　　　C_v——单件变动成本；

　　　Q——销售数量；

　　　S——销售收入。

盈亏平衡分析：

总成本　　　$C = F+C_v \times Q$

总收入　　　$S = P \times Q$

列出盈亏平衡方程

$$C = S \quad 即 \quad P \times Q = F+C_v \times Q$$

盈亏平衡点

$$Q = F/(P-C_v)$$

【例 5.3】 某建设项目年设计生产能力为 10 万台，年固定成本为 1 200 万元，产品单台销售价格为 900 元，单台产品可变成本为 560 元，单台产品销售税金及附加为 120 元。试求盈亏平衡点的产销量。

解：

$$BEP(Q) = \frac{12\ 000\ 000}{900-560-120} = 54\ 545$$

$BEP(P) = 12\,000\,000/100\,000+560+120 = 800$（元）（销量和可变成本一定，售价必须大于 800 元）

$BEP(C_\mathrm{v}) = 900 - 12\,000\,000/100\,000 - 120 = 660$（元）（销量和售价一定，可变成本必须小于 660 元）

计算结果表明，当项目产销量低于 54 545 台时，项目亏损；当项目产销量大于 54 545 台时，则项目盈利。

从图 5.8 中可以看到，盈亏平衡点越低，达到此点的盈亏平衡产销量就越少，项目投产后的盈利的可能性越大，适应市场变化的能力越强，抗风险能力也越强。

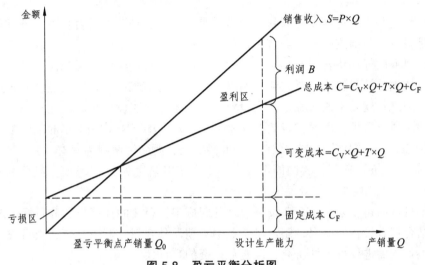

图 5.8　盈亏平衡分析图

盈亏平衡分析虽然能够从市场适应性方面说明项目风险的大小，但并不能揭示产生项目风险的根源。因此，还需采用其他一些方法来帮助达到这个目标。

2.3　敏感性分析

不确定因素的波动会造成其他因素的变化。如产品的售价、成本、产量的变化等都将导致利润的变化；利润的变化又将影响设备投资的收益率、回收期等。因此，敏感性分析是指从因素发生波动的变化量去分析其他因素变化的幅度，又称之为影响因素的敏感分析。在设备的规划过程中通常将影响较大的部分变量作敏感性分析，将影响较小的因素看作常量来处理。

设备投资决策的敏感性分析最常用的方法是列举不确定因素对净收益现值增减的影响，进行分析的一般步骤如下：

（1）确定设备规划及投资方案。

（2）分析并确定对设备系统效率及寿命周期费用影响较大的因素。

（3）确定各影响因素的波动范围和数值（以最佳、最可能、最坏 3 种情况去估计）。

（4）列表显示分析结果。

在实际决策中可以根据上述步骤列出敏感性分析表，在设备规划过程中抓住主要影响因素，加强管理来确保设备的投资效益。

3　设备规划的可行性研究

可行性研究是为了论证工程项目在技术亡是否可行、经济上是否合理而进行的综合性全面分析，是投资决策前进行技术经济论证的一种科学方法。

可行性研究的好坏将直接影响到工程项目的经济效益。一般来说国民经济发展速度是与其投资率成比例的。我国改革开放前长期以来投资率在30%以上，国民经济增长速度并不很高，主要原因之一就是不能很好地研究投资效果，事先对建设项目缺乏充分的可行性研究，建成后又缺乏科学管理，因而投资效益非常低下。从1950年到1981年的基建项目投资总额为7 000多亿元，形成固定资产的仅为5 000多亿元，而交付使用的只有3 750亿元，仅占总投资的53%。"六五"期间，我国固定资产；投产使用率为74%，"八五"期间又降至60%，每投资3.6元才能产生1元的效益。

从设备投资的角度来看，企业设备管理部门应根据企业的经营方针和目标，考虑到今后的发展并结合现有设备的能力，制定出企业中长期设备规划。对于复杂的项目或投资较大的技术改造项目则需进行可行性研究，以避免投资的盲目性。

3.1　可行性研究的阶段

1. 投资论证

选择工程项目，寻找投资机会，阐述其必要性和经济意义。主要涉及：市场需求，资源，国家产业政策，技术装备水平，产品市场竞争能力，综合利用、协作关系及企业改扩建的可能性。

2. 初步可行性研究

对投资论证中难以确定的问题作进一步的分析论证，判明其可行性。如市场风险、资源及价格、环保问题等。

3. 详细的可行性研究

提出设备方案与地区、企业、车间生产计划的关系，工艺的适应性，能源和交通条件，生产组织及人事条件，环境和投资预算等。

4．项目评价

对各种可行的方案进行技术经济论证，得出综合评价和选择的结论。

3.2　可行性研究报告的内容

可行性报告书是可行性研究的主要成果。根据撰写可行性研究报告的一般程序和内容，对设备规划来说应当全面阐述和论证设备投资方案的必要性，在技术和经济上的先进性、合理性还要说明实现此方案的可能性，以及规划实施的步骤和时间进程。报告书要涉及以下几个方面。

1．总　论

企业进行设备投资的动机和目的，指明设备规划研究的结论。

2．市场情况和建设规模

对产品的品种、数量、质量在市场上的适应性，并必须明确产品对设备功能提出的要求。产品的生产批量，安排方案对设备类型、生产率、设备的数量及组合形式等都有重要作用。产品的销售收益则是设备投资方案进行经济评价的主要依据。所以必须对其产品在市场上的行情进行预测，销售行情及收益是对方案进行经济性评价的主要依据。

3．设备与所用能源、原材料的关系

设备能否正常运转，其所需的能源、原材料及辅料应进行可靠的供应。

4．设备设置的环境条件

工厂和车间是否具备设置各种设备的地质、气象、交通运输、占地面积，以及施工安装等条件。

5．设备的技术方案

设备所选择的技术原理、结构、准确度、生产率、工艺装备，以及与其他设备的联系形式等归根到底取决于产品工艺过程的需要。如能满足这种需要可能有多个技术方案时，在可行性研究报告中应该提出并论证这些可行方案的优缺点，说明优选方案的充分依据。

6．环境保护

设备在生产过程中排放的废气、废液、废料和噪声对周围环境构成污染。报告书中应研究如何治理这些污染源的方法和技术措施，预测对环境影响的程度。

7. 设备方案对操作及管理人员的要求

设备对人员的要求要配套、精练，这包括专业工种、数量、培训计划、生产组织及协作关系等。

8. 设备投资方案的经济评价

经济评价是可行性研究中的一项主要内容，投资总额、资金筹措、投资实施方案予以说明。在投资效果中，对重大的设备投资，除了应考虑企业经济效益外，还要考虑其社会效益。在评价中对优选的方案要有充分的论证。

9. 不确定性分析

在设备方案的实施过程中，以及在设备使用和维修的漫长过程中，许多因素的波动对设备都会造成影响。如人员组织和工资的变化、原材料品质的改变、流动资金和折旧率的调整、产品转向等，对设备的影响至关重大。这些因素的变化有些可以预测其变化的幅度，有些则带有很大的随机性。不确定性分析的本质就是研究设备子系统与企业其他子系统之间的适应和变化关系。

10. 实施计划

重大设备投资项目，应在可行性研究中说明具体的规划、筹措、运输、安装、试运行及投产等不同环节的具体措施。

11. 结　论

综合各项数据从技术、经济两方面论证其可行性、存在的问题及解决问题的措施。

4　重大设备投资项目的呈报和审批

经过可行性研究予以确认的设备投资项目还要经过呈报和审批才能结束设备的规划阶段，为项目的正式实施创造前提。

呈报和审批的实质是由企业、公司和主管部门分层次地对社会生产力的发展进行协调，使投资能创造最大的企业效益和补会效益。国家通过主管部门进行这种协调，意在指导投资方向，合理布局补会生产力，创造就业机会，提高社会福利。低水平的重复投资必然导致国家人力、物力、财力资源的极大浪费。国家主管部门仅对大数额的项目进行控制，而将中小数额的投资审批权限下放给公司和企业。设备规划人员需明确本企业的隶属关系和审批权限的范围，以处理呈报内容和呈报程序。

4.1　设备投资项目呈报的主要内容

（1）投资项目的名称及编号。

（2）对本项目的应用范围和投资效益的简要说明。

（3）由于设备投资而引起的设备购置费、流动资金和税金方面的支出情况。

（4）设备投资的资金来源、数额（包括理想数额与最低数额）。

（5）新设备、新技术可能得到的减免税额。

（6）项目投资额及现金流量分配。

（7）设备投资的地区、位置、企业。

（8）设备投资的种类：主要生产设备、辅助性设备、其他用途的设备等。

（9）由于新设备的投入而更替下来的旧设备的残值。

（10）预计的试用期。

（11）项目开工及实现的日期。

（12）已作的技术经济分析详尽到何年度？分析的精度如何？

（13）设备投资的收益率、资金回收期。

（14）折旧方法、折旧率、折旧总额。

（15）设备投产后可能实现的利润率及目标利润。

（16）预算的说明及规定。

（17）是否经过可行性研究？研究报告由哪一级进行过审批？

（18）备注。

在呈报的表格上应注明：呈报人的职务、签名及日期；呈报文件编制人的职务、签名及日期；各种专业项目评审人员的会签；审批级别；审批人签字及日期。

呈报时应附上必要的文件和资料，如：企业情况，生产工艺说明，设备所在车间的平面图，设备项目清单，可行性报告书副本，投资效益及现金流量说明，设备的设计、制造及使用费预估，项目实施的组织措施，以及不可预见事态出现时的防范措施等。

4.2　设备投资预算外追加的限度和审批

设备投资项目在实施过程中，由于以下原因造成预算不足，必须追加投资。

（1）修改设计。

（2）原先没有预计到的通货膨胀所引起的各种费用的增加。

（3）项目评审的反复和延续所引起的费用。

（4）项目实施过程中的意外因素，如待工、待料、返工等引起的费用增加。

审批者面对追加预算有两种选择：

（1）项目尚未实施，其要求的追加额又在呈报的设备投资理想数额之内，指示由于原先按最低数额审批，则不应作为呈报者的过错，一般应予追加到实际需要数额。

（2）项目已大部分实施但追加额较大时，审批者应视企业筹措资金的来源如何，再来决定项目暂停、缓建、下马或追加投资等措施。对于数额较大的预算外追加，则应重新作可行性研究。必要时，追加部分可作为单列项目来处理。

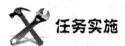

任务实施

某学校将新增机械工程系，需在校内建设机械加工实习实训工厂，请您根据学校的机械系的实际情况，模拟编制一份可行性报告，要求对该项目进行技术、经济等全面的可行性分析，并形成规范的可行性报告。

课后作业

（1）简述设备投资评价的依据。
（2）简述国家通过什么政策指导设备投资。
（3）叙述设备投资的评价方法。
（4）叙述盈亏平衡点的计算方法。
（5）规划可行性研究报告有哪几个阶段？
（6）可行性报告书所涉及的内容有哪些？

参考文献

[1] 上海市纺织工业局. 纺织企业设备管理[M]. 北京：中国纺织工业出版社，1994.

[2] 中国纺织企业管理协会设备管理学组. 纺织企业设备管理和维修[M]. 北京：中国纺织工业出版社，1991.

[3] 胡先荣. 现代企业设备管理[M]. 北京：机械工业出版社，2007.

[4] 张沪军，王巧顺. 企业设备管理[M]. 南京：东南大学出版社，1994.

[5] 金永安. 纺织设备管理[M]. 北京：中国纺织工业出版社，2007.

[6] 王汝杰. 现代设备管理[M]. 北京：冶金工业出版社，2007.

[7] 林允明，曾学成. 设备管理[M]. 北京：机械工业出版社，1997.

[8] 张友诚. 现代企业设备管理[M]. 北京：中国计划出版社，2009.

[9] 郑国伟，文德邦. 设备管理与维修工作手册[M]. 长沙：湖南科学技术出版社，1991.

[10] 吴予群. 细纱机维修[M]. 北京：中国纺织工业出版社，2009.